Primeras Lecciones en Apicultura

OTRAS PUBLICACIONES DE DADANT
American Bee Journal
The Hive and the Honey Bee
Contemporary Queen Rearing
Mites of the Honey Bee
Honey in the Comb
The Classroom

Primeras Lecciones en Apicultura

por KEITH S. DELAPLANE
de acuerdo a la tradición de la edición original
de 1917 por C.P. Dadant

Versión en Español traducida por Ernesto Guzmán-Novoa

Derechos de copia©, 2007
Dadant & Sons, Hamilton, Illinois, USA

**Ediciones Anteriores Revisadas y Re-escritas por
M. G. DADANT, J. C. DADANT,
DR. G. H. CALE, JR. Y HOWARD VEATCH**

DADANT & SONS • HAMILTON, ILLINOIS

Publicado por DADANT & SONS, INC.,
51 South 2nd St., Hamilton, Illinois 62341
Teléfono: (217) 847-3324 • Fax: (217) 847-3660
E-mail: dadant@dadant.com • Página web: www.dadant.com

© Dadant & Sons, Inc. 2007. Derechos reservados. Ninguna parte de esta publicación puede ser reproducida en ninguna forma ni por ningún medio, electrónico, mecánico, fotostático, grabado o cualquier otro, sin el previo consentimiento de los propietarios de los derechos de copia.

DERECHOS DE COPIA©, 2007, POR DADANT & SONS
DERECHOS DE COPIA©, 1976, POR DADANT & SONS
DERECHOS DE COPIA©, 1938, POR J. C. DADANT
DERECHOS DE COPIA©, 1917, 1924, POR C. P. DADANT

Library of Congress Cataloging-in-Publication Data

Delaplane, Keith S.
  [First lessons in beekeeping. Spanish]
  Primeras lecciones en apicultura / por Keith S. Delaplane de acuerdo a la tradicisn de la edicisn original de 1917 por C.P. Dadant. -- 2007 ed.
     p. cm.
  Summary: "Introduces the prospective beekeeper to the basics of beekeeping through easy-to-understand text and numerous color photos on honey bee biology, beekeeping equipment, management, honey production and processing, as well as disease diagnosis and treatment"--Provided by publisher.
  Translated from English.
  Includes index.
  ISBN 978-0-915698-13-4 (pbk. : alk. paper) 1. Bee culture. 2. Honeybee. I. Title.
  SF523D3818 2007
  638'.1--dc22
                        2007041307

ARMADO Y DISEÑO GRÁFICO POR
AMY LEEBOLD

Prólogo

PRÓLOGO DE LA EDICIÓN 2007

La historia de mis inicios en la apicultura ya ha sido descrita en otro libro. Mis comienzos apícolas no fueron de ninguna manera espectaculares, pero para este autor, esos recuerdos están llenos de un resplandor semejante al de los paisajes de los mitos griegos descritos por Tolkien en A la Mitad de la Tierra, así como por Lewis en Narnia. Yo supongo que la mayoría de nosotros tenemos algún tipo de recuerdo atesorado, generalmente de nuestra niñez, cuando el tiempo no pasaba y éramos tan jóvenes que nos enfocábamos totalmente en algo, excepto en nosotros mismos. Para mí, ese algo fue la apicultura y sus inicios tuvieron que ver con un regalo de navidad que me dio mi padre; una colmena, un pedido de abejas por correo y un libro. Ese libro fue la edición 1968 de *Primeras Lecciones en Apicultura* escrito por Charles P. Dadant. Las páginas de ese libro me abrieron un mundo dorado sobre las abejas y la apicultura y guiaron mis primeros pasos durante esa primera primavera. Mi historia no es mas que una de las miles que han pasado por la puerta que abrió el pequeño libro de Dadant desde su primera edición publicada en 1917. Es un honor que los herederos de Dadant me hayan pedido revisar la edición 2007 de éste libro. Hago éste trabajo con la esperanza de que honrará la tradición de Charles Dadant y de que mantendrá la puerta abierta para miles de personas más.

> La principal razón para leer buenos libros,
> Lo que motiva a cada mente estudiosa,
> Es la esperanza, algo de dulce placer en su interior,
> O la búsqueda de una buena ganancia.
> Ahora, que puede ser mas delicioso
> Que los secretos por conocer
> De las Sagradas Abejas, los Pájaros de las Musas,
> Todo lo cual, éste libro enseña.

Charles Butler, *La Monarquía Femenina*

Contenido

PREFACIO DE LA EDICIÓN 2007 v

CAPÍTULO 1 – EL LUGAR DE LAS ABEJAS MELÍFERAS EN EL MUNDO 1
    APIS MELLIFERA MELLIFERA 2
    APIS MELLIFERA LIGUSTICA 3
    APIS MELLIFERA CAUCASICA 4
    APIS MELLIFERA CARNICA 4
    ABEJAS RUSAS 5
    APIS MELLIFERA SCUTELLATA 5
    EL LUGAR DE LA APICULTURA EN EL MUNDO 6

CAPÍTULO 2 – EL MUNDO DE LAS ABEJAS 11
    VIDA SOCIAL 11
    LA BIOLOGÍA DE LOS INDIVIDUOS 12
        Algunas cosas en común 13
        La biología de las obreras 18
        La biología de las reinas 19
        La biología de los zánganos 20
    LA BIOLOGÍA DE LA COLONIA 21
        Los grandes objetivos 21
        Hibernación 22
        La primavera y el ciclo reproductivo 23
        Reemplazo de la reina 27
        Regulación del pecoreo y el reclutamiento 27

CAPÍTULO 3 – LA COLMENA Y SUS ACCESORIOS 31
    PISO 33
    CUBOS DE CÁMARA DE CRÍA 34
    EXCLUIDOR DE REINA 35
    ALZAS DE MIEL 36
    HOJA ESTAMPADA 36
    BASTIDORES 38
    TECHOS INTERNO Y EXTERNO 42
    ALIMENTADORES 42
        Alimentador Boardman 43

    Alimentador tipo bastidor 44
    Bolsas de plástico 44
    Cubetas con tapas perforadas 45
  Ahumador 46
  Cuña o Alza Prima 46
  Velo 47
  Guantes 48
  Traje apícola 48

CAPÍTULO 4 – LA INICIACIÓN 49
  Sitios para apiarios 49
  Cuatro maneras de iniciarse 50
  Manejo de una colonia 50
  Instalación de paquetes de abejas 52
    La instalación 52
    Revisión a las tres semanas 58
  Introducción de enjambres 60
  Instalación de colonias a partir de núcleos 62
  Compra de colonias establecidas 65

CAPÍTULO 5 – MANEJOS PARA LA PRODUCCIÓN DE MIEL Y PARA LA POLINIZACIÓN 67
  Principio de la temporada 67
  Cambio de reina 68
  Manejo de la enjambrazón 71
  Colocación de alzas para el flujo de néctar 75
  Otras consideraciones para la producción de miel 77
  Cuando se trabaja con abejas africanizadas 77
  Plantas melíferas 81
  Polinización 86

CAPÍTULO 6 – PRODUCTOS DE LA COLMENA 89
  El procesado de la miel 89
    Humedad de la miel 89
    Cosecha de la miel 90
    Deshidratación poscosecha 91
    Extracción de miel 92

    Miel en panal..96
    CERA..100
    POLEN..100

CAPÍTULO 7 – MANEJO FUERA DE TEMPORADA................103
    CONFIGURACIÓN ÓPTIMA DE UNA COLONIA.....................................103
    COMO LOGRAR LA CONFIGURACIÓN ÓPTIMA DE LA COLONIA..........105
    PROTECCIÓN DE INVIERNO...106
    DÍAS CÁLIDOS EN EL INVIERNO..107

CAPÍTULO 8 – ENFERMEDADES, PARÁSITOS, E INVASORES DEL NIDO DE LAS ABEJAS......................111
    MANEJO INTEGRADO DE PLAGAS..112
    ENFERMEDADES DE LA CRÍA..113
        Loque americana..113
        Loque europea...117
        Cría de cal..119
        Cría ensacada...122
    ENFERMEDADES DE LAS ABEJAS ADULTAS......................................123
        Nosema..123
        Los virus...124
    ÁCAROS PARASITARIOS...125
        Ácaros traqueales...125
        Ácaros varroa...129
    CARROÑEROS DEL NIDO..133
        Polillas de la cera...133
        El pequeño escarabajo de la colmena......................................137
    MALES NO INFECCIOSOS..142
        Orfandad..142
        Pillaje...143
        Mutaciones visibles..145
        Depredadores, vertebrados y otros..146
        Plaguicidas...149

EPÍLOGO...153

GLOSARIO..156

ÍNDICE..169

Capítulo 1
El Lugar de las Abejas Melíferas en el Mundo

"¿Que ellos responden a sus nombres?"
la mosquita cuestionó con desenfado
"Nunca supe que ellos lo hacían."
"Que caso tiene que tengan nombres," dijo
la mosquita, "¿si no responderán a ellos?"
"No tiene caso para ELLOS," dijo Alice; "pero
es útil para la gente que los nombra, yo supongo.
Si no, ¿porque tienen nombres las cosas?"

Lewis Carroll, *A Través del Cristal con que se Mira*

Éste libro trata sobre la abeja melífera occidental *Apis mellifera* L. y sobre como se le maneja en América del Norte. El nombre genérico *Apis* significa " abeja" y los estudiosos de las lenguas Romance percibirán en el nombre específico de *mellifera*, ecos de la palabra "miel." Por eso en Latín se traduce como abeja insecto amante de la miel. La "L" es la inicial del taxonomista Carlos Linnaeus que en el siglo 18 nombró y clasificó a la abeja melífera occidental al igual que a cientos de otras especies de plantas y animales. El adjetivo "occidental" es necesario para diferenciar a nuestra abeja de su prima asiática, *Apis cerana*. El género *Apis*, se distingue por su fascinante biología, predominancia ecológica y amplia importancia para la agricultura. Su distribución natural se extiende desde Portugal hasta Japón, del cabo de Sudáfrica hasta cerca del círculo polar ártico, y en ese vasto territorio existen al menos cinco especies. Sin embargo, limitaremos nuestra atención solamente a una de ellas.

Para los principiantes, esa especie, *Apis mellifera*, comprende al menos 20 sub-especies, razas, o biotipos locales, que se distribuyen naturalmente desde el Norte de Europa, por el medio oriente y por todo África. Ninguna es originaria de América del Norte, sino que fueron introducidas a este continente, sobre todo durante los siglos de colonización europea. Limitaré mi discusión a aquellas razas de importancia práctica o histórica para la apicultura de Norteamérica.

Apis mellifera mellifera

La llamada abeja negra alemana o abeja del Norte de Europa, es la raza que se cree fue la primera en arribar a Norte América, aparentemente a las costas de Virginia en el año 1622. Ésta es la abeja que los nativos americanos llamaban "la mosca del hombre blanco," un nuevo inmigrante que significaba que los pioneros europeos no estaban muy lejos. Al encontrar recursos florales y temperaturas similares a los de su lugar de procedencia, la abeja negra alemana floreció a lo largo de la costa Este, a tal grado, que al final del siguiente siglo, los naturalistas debatían sobre si en realidad *A. mellifera mellifera* era de origen ajeno al continente. En términos prácticos, la abeja negra alemana fue la única abeja melífera en el Este de Norteamérica hasta mediados del siglo 19, cuando una mejor tecnología del uso del vapor hizo posible un rápido tránsito marítimo a través del atlántico. Éste desarrollo trajo consigo una ola de importaciones no reguladas de abejas de diversos orígenes, a un grado nunca antes visto. La abeja negra alemana en realidad nunca ganó el corazón de los apicultores americanos a pesar de su acoplamiento a latitudes del hemisferio Norte. Picaba mucho y era susceptible a graves enfermedades como la loque americana (ver el **Capítulo 8**). Por eso los apicultores estaban en la búsqueda de "mejores" abejas, algunas de las cuales fueron importadas exitosamente y de las que se hace una descripción posteriormente. Cuando me refiero a la abeja negra alemana, suelo hablar en pasado, porque es dudoso que *A. mellifera mellifera* siga existiendo en

Norteamérica. Aunque sus fantasmas genéticos permanecen en la mezcla de genes en la que se ha convertido la *Apis mellifera* Norteamericana, ésta abeja empezó a ser reemplazada a partir del siglo 19, lo cual continuó hasta la última parte del siglo 20, cuando parásitos exóticos (ver el **Capítulo 8**) exterminaron lo que quedaba de las poblaciones de la abeja negra alemana, que para entonces ya habían sido abandonadas por los apicultores por lo que vivían en los bosques y en troncos huecos de árboles.

Considero una bendición tener recuerdos de ésta abeja, cuando siendo un muchacho capturaba enjambres silvestres en Indiana en los años 70s. También fui partícipe de este reemplazo. Cuando podía cambiaba a la reina alemana por otra "mejor."

Apis mellifera ligustica

La abeja italiana es por mucho la más popular en la historia de los Estados Unidos. Sus numerosas cualidades se hicieron notar, como nata que flota sobre la leche, durante las grandes importaciones del siglo 19 y en poco tiempo predominó sobre otras abejas importadas y se convirtió en el prototipo contra el que se comparaba a las demás abejas. Esta predominancia tiene justificación. La abeja italiana es relativamente dócil y no está fuera de lugar decir que es la abeja más productiva sobre la tierra y que las poblaciones y rendimiento de miel de sus colonias sobrepasan a las de otros grupos de abejas. El color de su cuerpo tiende a ser ligeramente dorado y café. En una ocasión estando en Azerbaijan, país situado cerca de las montañas del cáucaso, que es el lugar de origen de la abeja melífera caucásica, tuve la oportunidad de observar un apiario de abejas italianas importadas. No fue una observación científica, ya que el tamaño de muestra fue de solo un apiario y no puedo excluir la posibilidad de que el apicultor encargado haya sido extraordinariamente habilidoso y progresista. Sin embargo, después de días de observar apiarios de abejas locales sin brillo, me quedé sorprendido de que en éste apiario las abejas pecoreaban como locas y sus colonias estaban al menos dos veces más pobladas que las de los apiarios vecinos.

Debo aclarar que las abejas italianas no son perfectas desde el punto de vista apícola. Su rápido desarrollo poblacional en primavera y su productividad tienen un costo que se paga con un gasto incontrolado de alimentos. Esto se puede observar al final del invierno y a principios de la primavera, cuando las colonias empiezan a desarrollar sus poblaciones, desarrollo sustentado en el consumo de miel y polen que fueron almacenados en la temporada anterior. Las colonias de abejas italianas empiezan a crecer en población a inicios de año, produciendo mucha cría, a niveles por encima de las reservas de alimentos. Por eso las colonias pueden morir de hambre si el apicultor no hace algo para evitarlo. Otro problema con las abejas italianas, que ha sido más aparente desde la introducción de parásitos en los años 80s, es su susceptibilidad general a plagas y enfermedades.

Apis mellifera caucasica

Esta sub-especie es originaria de la región transcaucásica que está ubicada entre el mar Negro y el Caspio y fue importada a Norteamérica alrededor de 1882. El color de su cuerpo es gris / negro. Se le conoce como una abeja dócil y por ésta razón fue por mucho tiempo la abeja favorita de los apicultores principiantes en los Estados Unidos. Recuerdo que hasta finales de los años 70s se publicaban anuncios sobre esta abeja en revistas de apicultura. Pero las abejas caucásicas han caído de gracia y por eso quedan muy pocos o ningún proveedor de ellas en Norteamérica. Para empezar, no son tan productivas como las italianas y tienen la tendencia a cubrir profusamente el interior de las colmenas con propóleo – un pegamento natural procedente de resinas de los árboles. Los apicultores norteamericanos han sido históricamente intolerantes al propóleo, pero se han dado cuenta que éste es un prejuicio sin fundamentos. Hay evidencias que sugieren que el propóleo tiene propiedades anti-microbianas y que ayuda a las abejas a defenderse de invasores del nido, característica que ha cobrado importancia en ésta época de plagas exóticas cuyo control se hace con productos químicos. Puede que llegue el día en que las abejas caucásicas, o al menos su tendencia a propolizar, sean vistos favorablemente de nueva cuenta.

Apis mellifera carnica

A diferencia de la abeja caucásica, la abeja carniola se ha visto favorecida por un incremento en su popularidad en años recientes. La *Apis mellifera carnica* es originaria de la parte central del Este de Europa. Es la más oscura de las razas comunes de abejas y por esta razón a veces se dificulta encontrar a las reinas durante los trabajos en la colmena, ya que se confunden completamente con el panorama de abejas negras que las rodean. Se cree que las abejas carniolas poseen cierto grado de resistencia al ácaro parasitario varroa (ver el **Capítulo 8**). Quizás su característica más distintiva es la forma conservadora en que usan sus recursos alimenticios para expandir el nido de cría en la primavera. En este sentido, uno puede verlas como el reverso de las abejas italianas.

Abejas Rusas

En los años 90s, el Departamento de Agricultura de los EUA inició un proyecto cooperativo con investigadores del Este de Rusia, para encontrar, probar, e importar, abejas de esa área del mundo a los Estados Unidos. La motivación detrás del proyecto fue la crisis provocada por el ácaro varroa en los EUA, con la consecuente búsqueda de abejas que tuvieran resistencia genética contra éste parásito. Los investigadores razonaron que la resistencia genética se encontraría con mayor probabilidad en aquella área del mundo donde la distribución natural de *Apis mellifera* y del ácaro varroa se habían entrelazado por más tiempo que en ningún otro lugar del planeta, lo cual habría propiciado que por selección natural las abejas adquirieran resistencia al parásito. La población de abejas del Este de Rusia fue establecida hace mucho tiempo, con abejas llevadas por tren desde la Rusia europea a principios del siglo 20. Se cree que las abejas importadas originalmente eran predominantemente carniolas. Estudios posteriores revelaron que las abejas del Este de Rusia son en efecto resistentes a los ácaros varroa y por ello fueron finalmente introducidas a los Estados Unidos, donde constituyen hoy día una creciente proporción de las abejas comerciales. Estas abejas manifiestan un grado medible de resistencia al ácaro varroa, manteniendo al mismo tiempo niveles de productividad similares a los de las abejas italianas. Las abejas rusas también poseen la característica de un desarrollo poblacional conservador en la primavera, como el de las abejas carniolas.

Apis mellifera scutellata

Esta es la llamada abeja africanizada, o de manera más sensacionalista, abeja "asesina." Durante los varios siglos de colonización europea en el nuevo mundo, como en el caso de Norteamérica, hubieron innumerables introducciones de abejas europeas a América del Sur. Sin embargo, las abejas europeas no florecieron en las regiones tropicales de Sudamérica y para mediados del siglo 20 la apicultura en Brasil y en otros países sudamericanos estaba por debajo de los parámetros mundiales. Se pensó que la solución era importar abejas del trópico de África y ese objetivo se logró a finales de los años 50s. De hecho, las nuevas abejas se adaptaron espléndidamente a las condiciones brasileñas y pronto empezaron una rápida expansión territorial, alcanzando eventualmente el sur de los EUA en 1990. Durante la mayor parte de su existencia en los EUA, las abejas africanizadas limitaron su distribución al Suroeste del país; sin embargo, esto cambió en 2005, cuando se confirmó la presencia de poblaciones reproductivas de abejas africanizadas en Florida. No se sabe cual será su eventual distribución final en Norteamérica, pero hay evidencias de que las latitudes templadas representan una limitante para ellas.

Durante sus 50 años de historia en el nuevo mundo, las abejas africanizadas se han ganado la reputación de ser insectos extremadamente defensivos. Han ocurrido miles de accidentes de picaduras masivas, algunos de ellos con consecuencias funestas para humanos y animales. A pesar de esta infamia, *Apis mellifera scutellata* ha sido el motor para aumentar la rentabilidad de la industria apícola en Brasil. Bien manejadas, éstas abejas son productivas y después de dos generaciones desde su introducción, los apicultores brasileños no trabajarían hoy día sin ellas. En el **Capítulo 5** se dan más detalles sobre el manejo de éstas abejas.

El lugar de la apicultura en el mundo

La palabra "apicultura" implica la existencia de una abeja que puede ser "cultivada." Y la maravilla de éste hecho no debe quedar solo entre los escritores y lectores de libros apícolas. De las aproximadamente 20,000 especies de abejas que existen sobre la tierra, solo unas pocas toleran algún grado de manejo humano. Sobresaliendo de todas las especies de abejas, *Apis mellifera* no solo tolera el manejo humano, sino que también éste las hace prosperar, alcanzando poblaciones y productividades muy por encima de las de otras especies. Ésta dualidad de manejo y productividad le ha conferido a *Apis mellifera*, un lugar especial en los corazones e imaginación de los humanos, así como en la historia y en la economía.

Antes de que Alejandro el Grande introdujera la caña de azúcar al mundo occidental, la miel era el principal edulcorante en las sociedades humanas establecidas en regiones con *Apis mellifera*. Como tal, las abejas eran un símbolo de la industria y la riqueza, por eso, la literatura mundial, mitologías y textos religiosos, están llenos de referencias acerca de las abejas y sus productos. ¿Quien puede olvidar a Icaro, sus alas hechizas, su osado vuelo hacia el sol y su fatal caída cuando el calor suavizó la cera de abejas que sostenía las plumas de sus alas? ¿Quien puede olvidar a Sansón y su adivinanza?: "Algo para comer, del que come / algo dulce, del fuerte" y la respuesta: "¿Que hay más dulce que la miel?/¿Que hay más fuerte que un león?"

La apicultura fue practicada a nivel comercial en los antiguos imperios de Egipto y Roma y persistió como una industria de campo durante la edad media y el renacimiento, hasta la era de la expansión europea, cuando las abejas fueron llevadas por todo el mundo. Durante ese tiempo, las abejas inspiraron a artistas y poetas. ¿Quien es inmune al encanto del poeta irlandés Yeats en *La Isla del Lago Inisfree*?:

Me levantaré y me iré ahora, e iré a Inisfree,
Y construiré una pequeña cabaña ahí, hecha de lodo y conchas;
Nueve hileras de frijoles tendré y una colmena para la abeja de miel,
Y solo viviré con el ruidoso regocijo de las abejas.

¿Y quien no puede deleitarse con Dickinson?

El linaje de la miel
No le concierne a la abeja;
Un trébol, es para el, aristocracia
A cualquier hora.

No podemos detenernos mucho en la poesía inspirada por las abejas melíferas, excepto quizá para disculpar a Dickinson por su confusión sobre el género de las abejas obreras en el siglo 19. Pero antes de continuar debemos resaltar que hay libros enteros dedicados a la mina de oro histórica y literaria provista por las abejas y por eso se conmina a los lectores a consultar libros como *La Sagrada Abeja* de Hilda Ransome y *La Arqueología de la Apicultura* de Eva Crane.

La abeja melífera occidental se encuentra actualmente distribuida en todos los continentes excepto en el de la Antártica. Ésta abeja es manejada por apicultores de todos los niveles, desde los aficionados, hasta los comerciales, que cuentan con decenas de miles de colonias. La miel ha retenido el prestigio de ser el más sublime de los edulcorantes y al igual que el vino, expresa una amplia gama de propiedades derivadas de su localidad de origen, las cuales son suficientemente particulares como para entretener a los paladares más sofisticados. La apicultura puede realizarse en cualquier lugar donde se practique la jardinería, donde haya plantas en floración y requiere de un poco de aislamiento de los animales de granja o domésticos y del tráfico humano – en lotes urbanos aislados, en los márgenes entre el bosque y la pradera, o en los de áreas sub-urbanas, a las orillas de las cercas y en granjas. Un apicultor aprendiz será bienvenido no solamente dentro del fascinante mundo de las abejas, sino también dentro de la fraternidad de apicultores que existe a nivel nacional, estatal y local. Muchas empresas proveedoras venden grandes cantidades de equipo apícola estándar, disponible por correo, por internet, o a través de establecimientos locales. Existen libros y videos sobre como iniciarse en la apicultura que son anunciados en catálogos y que se pueden solicitar, o bien, que se pueden comprar en congresos apícolas. Algunas universidades agrícolas tienen programas de investigación, enseñanza y educación continua en apicultura. Además, tanto los inspectores apícolas como los clubes de apicultura locales, son fuente de apoyo e información valiosa. En suma, un nuevo apicultor no tiene que transitar solo.

Una colmena de abejas rinde otros productos y beneficios aparte de la miel. La cera de abejas, además de ser usada en las alas de Icaro, puede utilizarse para fabricar velas, cosméticos, ornamentos, jabones y pastas para pulir muebles. Grandes cantidades de cera son recicladas en la industria apícola en forma de hojas de cera estampada – que se usan como guía para ayudar a las abejas a construir sus panales (ver el **Capítulo 3**). El polen colectado por las abejas, así como la jalea real, el producto glandular con el que se alimenta a las larvas para convertirlas en reinas, son demandados en tiendas de alimentos naturales como suplemento alimenticio para la dieta humana. El propóleo es, con excepción de Norteamérica, un producto muy valorado por su reputación como ungüento bacteriostático para cerrar heridas y como ingrediente activo en remedios contra la gripe.

No obstante la fama y lo místico de los productos de la colmena, su contribución a las economías humanas palidece en comparación con los grandes beneficios que las abejas producen mediante la polinización – la transferencia de polen de las partes masculinas de una flor a las femeninas de la misma, o de otra flor. Las abejas polinizan plantas de manera inconsciente mientras vuelan de una flor a otra colectando polen y néctar para sus alimentos. Para muchas plantas, éste proceso mejora la cantidad y calidad de sus semillas y frutas. A medida que éste proceso se ha entendido con mayor claridad, la polinización se ha convertido en un servicio agrícola deliberado en décadas recientes y por ello, cientos de miles de colmenas de abejas se rentan cada año en los EUA para asegurar la correcta polinización de cultivos tan diversos como la almendra, manzana, mora azul, melón, cereza, trébol, frambuesa, pepino, cebolla, pera, calabaza, y sandía. Para el apicultor mediano, así como para el grande, la polinización ha surgido como una importante fuente de ingresos. Por un lado, la ecología de la agricultura ha cambiado en años recientes, produciéndose una mayor demanda por servicios de polinización. El ingreso de parásitos exóticos de las abejas en los años 80s, sobre todo la del ácaro varroa (ver el **Capítulo 8**), ocasionó una drástica disminución de colonias de abejas melíferas silvestres. Esto significó una menor disponibilidad de abejas que proveían polinización gratuita. Al haber menos polinizadores silvestres, la producción de fruta disminuyó, por lo que la demanda de polinización complementaria por medio del uso de colmenas de abejas manejadas por apicultores, aumentó. Si bien es cierto que todo tipo de abejas, incluyendo a los abejorros y a las abejas solitarias nativas, son polinizadores eficientes e importantes, también es cierto que no pueden ser manejados de manera tan efectiva como las abejas melíferas, por lo que la prevalencia de *Apis mellifera* como polinizador comercial parece estar asegurada en el futuro próximo. La última estimación sobre su contribución anual a la producción de alimentos en los EUA fue de $ 14 mil millones de dólares.

Siendo realistas, la mayoría de las personas que se meten a la apicultura no lo hacen para polinizar cultivos, o para hacer dinero, ni tampoco para ayudar al medio ambiente. Se meten a la apicultura, porque hay algo fascinante en la vida de estos insectos que viven juntos en una sociedad compleja dentro de una caja hecha por el hombre, la cual se puede tener atrás de la casa y se puede abrir cuando uno quiera. Si me producen miel y además polinizan mi jardín, eso es ganancia adicional. Los aficionados a la apicultura constituyen el grupo más grande de apicultores en los Estados Unidos. Este grupo de personas, sin grandes presiones económicas, que trabajan con las abejas en su tiempo libre, los fines de semana, lo hacen por gusto y no por necesidad. Éste es el tipo de personas para quienes este libro está escrito. Y si mi experiencia es válida, éstas son las personas que encuentran en la apicultura un escape diferente al de su trabajo normal de la semana – una oportunidad para trabajar con madera y para aprender algo de biología, agricultura, ganadería, producción de alimentos, botánica, comercialización y negocios. El hecho de que muchos pasen de ser apicultores de patio a ser apicultores complementarios o comerciales, es simplemente una prueba de que la apicultura es rentable.

Resulta ya evidente para el lector, que las abejas melíferas son una puerta de entrada al pasado y al presente del mundo natural y del humano. Su poderoso vínculo con la imaginación está bien ganado. Las abejas siguen siendo hoy día, un símbolo de industriocidad y riqueza tal como lo fueron para culturas milenarias en el pasado. Si en el siglo 21 tenemos la tendencia a medir la riqueza en términos de conocimiento, comprensión, satisfacción personal y placer, pues que así sea. Éste es solo un testimonio adicional sobre la importancia histórica de la apicultura. Mientras lea éste libro y piense en hacerse apicultor, usted estará dando el primer paso para ser parte de ésta noble y legendaria actividad humana.

Capítulo 2
El Mundo de las Abejas

Acércate a la abeja y aprende cuan diligente ella es y que trabajo tan noble ella hace, su trabajo es utilizado por reyes y personas comunes y es deseada y respetada por todos y aunque débil en fuerza, ella valora la sabiduría y por eso prevalece.

Proverbio 6:8 [Septuaquinto]

Se puede decir con certeza que los intereses de las abejas no son necesariamente los mismos del apicultor. Uno de ellos está interesado en almacenar una gran cantidad de miel para asegurar la sobre vivencia de la colonia y su capacidad de reproducirse. El otro está interesado en obtener una gran cosecha de miel para venderla en el mercado. Ambos objetivos tienen en común una alta producción de miel, pero el apicultor quiere lograr esto sin permitir la reproducción de la colonia, lo cual, como se verá en el **Capítulo 5**, es la forma de pavimentar el camino para una cosecha óptima. Para ser un apicultor de éxito, se requiere de un conocimiento sólido sobre la biología de las abejas.

Vida social

El objetivo primordial de una colonia de abejas es – reproducirse y sobrevivir el siguiente invierno. Una de las peculiaridades de la abeja melífera, así como la de otros insectos sociales, es que viven dentro de una estructura de colonia que les ayuda a lograrlo.

La mayoría de la gente intuye lo que significa el término insecto social; hay algo fundamentalmente diferente entre una colonia de avispas en mi cochera y una familia de cucarachas bajo mi fregadero. Los entomólogos definen como *insecto social* a una especie que posee las siguientes tres características: (1) cuidado cooperativo de la cría, (2) división reproductiva y (3) generaciones traslapadas. Por cuidado cooperativo de la cría debemos entender que las hembras de la especie comparten el esfuerzo de criar a los jóvenes, así sean de ellas o de otras hembras. División reproductiva, significa que algunos individuos de la sociedad abandonan su propio instinto reproductivo, para ayudar a sus hermanas a reproducirse. Por generaciones traslapadas, queremos decir que parte de la descendencia permanece en el nido para ayudar a sus padres a criar más hermanos. Todos estos criterios implican que la sociedad vive junta en un nido común y que de hecho su capacidad de anidar, o de regresar habitualmente a un lugar específico, parecería ser un prerrequisito del comportamiento social. Es posible que en la naturaleza existan especies que exhiben solo una o dos de las tres características que definen al insecto social, pero solo aquellos que poseen las tres características al mismo tiempo por al menos parte del año, se consideran verdaderamente sociales, o *eusociales*. Todas las especies de abejas sociales son eusociales, porque logran un verdadero estado social solo después de que la reina ha invernado y produce su primer lote de cría al principio de la primavera. Las avispas poseen un amplio rango de historias de vida, desde la vida solitaria hasta la eusocial.

Todo esto significa que cuando hablamos de biología de la abeja melífera, ésta debe abordarse en dos niveles: el individual y el de colonia. Los individuos se reproducen, se desarrollan, interactúan con su medio ambiente para optimizar su sobre vivencia, envejecen y mueren. Las colonias también. Solo que aparentemente esto parecería ser diferente.

La biología de los individuos

Hay tres tipos de individuos en una colonia de abejas melíferas: obreras hembras, reinas hembras y machos llamados *zánganos* (Figuras 1-3). El hecho de que existan dos tipos diferentes de hembras es un ejemplo de lo que se conoce como casta – una forma diferente de funcionar del mismo sexo. Con frecuencia se lee que las obreras, reinas y zánganos constituyen

Figuras 1-3. (izquierda arriba) Abeja obrera hembra; (derecha arriba) Abeja reina hembra; (izquierda abajo) Abeja zángano macho

tres castas. Esto no es verdad; ellos constituyen dos sexos dentro de los que las hembras están divididas en dos castas.

Algunas cosas en común

Los tres tipos de abejas tienen en común algunas características fundamentales. Por ser miembros de la *Clase Insecta*, las abejas al igual que otros insectos poseen un cuerpo dividido en tres regiones: *cabeza*, *tórax* y *abdomen*. La cabeza alberga una gran cantidad de órganos sensitivos, entre los que destacan los ojos y las antenas, pero también están los componentes de la boca, que incluyen elementos de succión (juntos llamados lengua) y componentes para la masticación. La región intermedia del cuerpo, el tórax, posee los apéndices para la locomoción, patas y alas y los músculos que las mueven. El abdomen contiene órganos para la digestión y la reproducción.

Las abejas pertenecen al grupo de insectos que tienen una *metamorfosis completa* – es decir, insectos cuyos individuos pasan por cuatro estadios de desarrollo: huevo, larva, pupa y adulto. En el caso de las abejas, la reina pone un solo huevo al fondo de una celda de cera (Fig. 4a). El huevo tiene forma de salchicha, mide aproximadamente 1.5 milímetros de largo y se transforma en *larva* después de tres días de puesto. La larva es un gusano blanco muy activo, aunque sus movimientos no son fácilmente detectados

Figura 4a. Huevos de abeja depositados por una reina funcional. Note que cada huevo es puesto de forma individual al centro de cada celda

Figura 4b. Huevos de abeja depositados por obreras ponedoras. En el interior de las celdas se observa un solo huevo o muchos de ellos colocados de manera irregular.

por un observador casual (Fig. 5). Conforme las obreras depositan alimento en el interior de una celda, la larva se mueve hacia adelante para consumirlo; por eso adopta una postura en forma de C durante su periodo de alimentación. A los pocos días de terminada su fase alimentaria, la larva pasa a un estadio intermedio conocido como *prepupa* (Fig. 6); la larva se estira para ocupar la mayor parte de la celda, la cual es tapada con cera por las obreras, antes del inicio de una serie de cambios internos que en pocas horas dan lugar a la transformación de la prepupa en una pupa blanca que aparentemente no se mueve (Fig. 6). Superficialmente, la *pupa* se ve como un adulto. Las tres principales regiones del cuerpo se hacen aparentes por primera vez, pero no hay pigmentación, pelo, o alas y el individuo se mueve poco o nada. Durante el tiempo remanente de su metamorfosis, la pupa se oscurece gradualmente y le surgen pelo y alas y al cabo de pocos días abre el techo de cera de su celda con sus mandíbulas y emerge como adulto (Fig. 1). En términos generales, el número de días de huevo a adulto es de 21 para la obrera, 24 para el zángano y 16 para la reina, pero esta cantidad de días varía de acuerdo a la raza y al lugar. La mayoría de las celdas de un panal son celdas de obrera, en particular las del centro del mismo; éstas celdas tienen opérculos planos (Fig. 7). Las celdas de zángano son de mayor diámetro, con opérculos más redondeados o en forma de bala (Fig. 8) y

Figura 5. Larva de abeja

Figura 6. Prepupa de abeja
(posicionada a las 11:00) y pupas (abajo)

Figura 7. La cría operculada de obrera es
plana y de color bronceado.

Figura 8. La cría operculada de zángano tiene forma de bala y sobresale de la superficie del panal.

Figura 9a. Celda real en su estado original

Figura 9b. Celda real abierta para mostrar a la larva sobre una cama de jalea real

tienden a concentrarse en forma de parches en las orillas inferiores de los panales. Las celdas de reina son menos numerosas, cuando mucho 20 por colonia. Tienen la forma y tamaño de un cacahuate o maní y son las únicas celdas con cría que están posicionadas verticalmente en relación a la cara del panal (Fig. 9).

La biología de las obreras

Las obreras son los individuos más numerosos de los tres tipos de abejas, muestran comportamientos diversos y son interesantes. Las obreras atienden a la reina, alimentan a la cría, limpian y defienden el nido, colectan alimentos, reclutan compañeras a fuentes de alimento y toman las decisiones que popularmente se le atribuyen a la reina. Por ejemplo, son las obreras y no la reina, quienes determinan los tipos de recursos – proteínas, carbohidratos, propóleo o agua – que necesita la colonia y comunican ésta necesidad a las abejas encargadas del pecoreo. De igual manera, son las obreras y no la reina, quienes deciden si y cuando la colonia se reproduce – un proceso complejo conocido como *enjambrazón*.

Además de tener un comportamiento complejo, las obreras también son las que poseen la anatomía más compleja. Las obreras succionan líquidos para transportar cargas de néctar o agua en su *estómago de la miel* – el primer compartimiento de un estómago dividido en tres áreas - y regurgitan sus cargas líquidas cuando regresan al nido. En sus patas traseras tienen una complicada estructura llamada *corbícula*, en la que transportan cargas de polen. La especialización anatómica más conocida de las obreras es su persuasivo aparato para picar, el cual está compuesto por una *glándula del veneno* y un *aguijón* espinoso. Las obreras tienen glándulas en otras partes del cuerpo para producir alimento para la cría, cera y feromonas – hormonas externas que regulan el comportamiento de otras abejas. Por eso no es sorprendente que sean las obreras y no las reinas o los zánganos, quienes tienen mayor capacidad cognoscitiva, con una habilidad asombrosa para intercambiar información, aprender, tomar decisiones y orientarse en vuelo.

Debido a que pertenecen a una de las dos castas femeninas que existen en la colonia, las obreras tienen ovarios funcionales y son capaces de producir huevos y progenie. Sin embargo, las obreras no pueden aparearse y al igual que en el caso de las hormigas y las avispas, las abejas producen huevos con la mitad del número de cromosomas, lo que a su vez resulta en progenie exclusivamente masculina. En una colonia normal que posee una reina (llamada *funcional*), este tipo de reproducción de las obreras está restringida por la interacción de las feromonas de la reina y de la cría, que conjuntamente suprimen la activación de los ovarios en las obreras. Pero en colonias *sin reina* no hay esta inhibición hormonal y esto ocasiona que las obreras empiecen a poner huevos. Las obreras son malas ponedoras, por lo que ponen varios huevos en el interior de una celda, o bien ponen uno solo en patrones irregulares en distintas partes de las celdas.

La biología de las reinas

Cualquier huevo de hembra tiene al inicio el potencial de desarrollar una reina o una obrera. Todo depende de la dieta que la joven larva reciba después de que eclosiona. Si la colonia requiere criar reinas, las obreras nodrizas escogen una o mas larvas jóvenes y empiezan a alimentarlas con una secreción glandular especial, llamada *jalea real*, la cual activa el desarrollo de características propias de las reinas. Esta ventana de oportunidad es breve. La larva debe iniciar su dieta de jalea real a las pocas horas de haber eclosionado y continuar ininterrumpidamente con la dieta durante el resto de su estadio de larva. Existe una relación directa entre la duración del periodo de alimentación con jalea real y la calidad de la reina resultante. Una reina a la que se le retrasa o se le corta la provisión de jalea real, será inferior en su tamaño y desempeño. En condiciones controladas de alimentación, como las de un laboratorio, se puede variar el número de días de consumo de jalea real, para criar extrañas hembras *intercasta* – individuos con grados intermedios y variados de caractéres de reinas y obreras. En una situación normal, la larva experimenta un rápido crecimiento, por lo que las abejas nodrizas construyen la típica celda vertical en forma de cacahuate. La jalea real activa la aparición de características propias de las reinas, tales como ovarios desarrollados, órganos para aparearse y almacenar semen y el surgimiento de glándulas para producir feromonas reales.

Una reina recién emergida realiza una serie de vuelos de apareamiento durante sus primeras dos semanas de vida, en las cuales copula con hasta 20 zánganos en el aire. La reina es capaz de almacenar el semen en un órgano llamado *espermateca*, sobre el que tiene control muscular para liberar o retener esperma. Conforme un huevo baja por el oviducto medio, la reina puede fertilizarlo y producir una hembra, o bien, puede no realizar la fertilización y producir un macho. La capacidad de postura de las reinas es legendaria, con números de hasta 1500 huevos por día (Fig. 10). La habilidad para fertilizar huevos parece deteriorarse en reinas viejas o defectuosas, lo cual resulta en una cantidad desproporcionadamente grande de cría de zángano en la colonia, que se encuentra mezclada de una forma poco característica con la cría de obrera (Fig. 11).

Las feromonas de una reina son casi tan importantes como sus huevos. Ya he mencionado una función de una feromona real, la inhibición parcial de los ovarios de las obreras, pero también éstas sustancias químicas son responsables de estimular el pecoreo, prolongar la vida de las obreras y coordinar a los

Figura 10. Una reina introduce su abdomen al interior de una celda para poner un huevo.

enjambres durante la reproducción de la colonia. Las obreras lamen y acicalan a la reina constantemente, adquieren sus feromonas y las pasan a otras obreras. De esta manera, las feromonas reales son constantemente recirculadas a través de la colonia, ejerciendo su profundo efecto en el comportamiento y fisiología de los habitantes de la colmena. Este efecto estabilizador es fácilmente demostrable cuando un apicultor retira a la reina; la colonia muestra signos visibles de agitación dentro de un lapso de 30 minutos.

La biología de los zánganos

Mientras explicaba el desarrollo y comportamiento de apareamiento de las reinas, casi por ende agoté el tema de la biología de los zánganos. Sí, lo que usted ha escuchado sobre los zánganos es verdad. Los zánganos sirven de muy poco, excepto para fertilizar a las reinas. Los zánganos permanecen en sus colmenas de origen durante las dos primeras semanas de vida, viviendo del trabajo de las obreras antes de alcanzar la madurez, que es cuando comienzan a realizar vuelos por las tardes. Éstos vuelos son gregarios, porque grandes cantidades de zánganos de muchas colonias se juntan para volar en grupo, haciendo la forma de una cometa. Los patrones y lugares de vuelo de éstas cometas de zánganos tienden a ser los mismos año tras año y están relacionados con marcas permanentes, tales como árboles frondosos, caminos y orillas de bosques. Algunos apicultores tienen la afición de monitorear las zonas de congregación de zánganos (Fig. 12). La persistencia de las áreas de congregación de zánganos es especialmente de llamar la atención, cuando uno considera que la vida tan corta de los zánganos no les permite aprender entre generaciones, como por ejemplo ocurre con los salmones, que son criados en las mismas pozas que sus padres. Durante sus vuelos nupciales, una reina virgen busca una zona de congregación de zánganos y vuela a través de ella, incitando una frenética persecución de los machos, durante la cual copula con varios de ellos. Resulta claro que las zonas de congregación de zánganos son una estrategia efectiva para que tanto los zánganos, como las reinas, maximicen los apareamientos exitosos.

La biología de la colonia
Los grandes objetivos

Anteriormente dije que el objetivo de una colonia de abejas es reproducirse y sobrevivir el invierno siguiente. Éste es esencialmente el mismo objetivo de

Figura 11. Una de las señales de una reina defectuosa es que empieza a mezclar cría de zángano y cría de obrera. Las crías de zángano son notorias porque sobresalen de la superficie del panal. Ver también la figura 65.

Figura 12. El Sr. Karl Showler se ha aficionado a encontrar áreas de congregación de zánganos en Wales, RU, usando señuelos de feromona real suspendidos de una caña de pescar.

un insecto solitario, pero debido a que las abejas melíferas viven en colonias todo el año, éstas deben poseer comportamientos eficientes de pecoreo, reclutamiento, almacenamiento de alimentos y sobre vivencia al frío. Además, la colonia debe reproducirse tan pronto le sea posible, para que la nueva colonia tenga suficiente tiempo para construir un nido, pecorear y almacenar alimentos para el invierno. Algunas especies sociales han resuelto el problema no viviendo en colonia durante el invierno; en estas especies solo las reinas recién apareadas invernan y emergen en la primavera siguiente para pecorear y establecer una nueva colonia por si solas. Ejemplos de éstas llamadas colonias *anuales* se encuentran entre los abejorros y la mayoría de las avispas sociales.

Hibernación

Con los antecedentes hasta aquí establecidos podemos ya analizar el ciclo anual de una colonia de *Apis mellifera*, empezando por el invierno. Durante esta época, las abejas se arraciman al centro de su nido para conservar calor.

Las precauciones de las abejas contra el frío se tomaron meses atrás o quizá años atrás cuando la colonia escogió el sitio para construir su nido. Las oquedades de árboles viejos tienen propiedades aislantes, por lo que constituyen los sitios naturales para las razas de *Apis mellifera* europeas. Las abejas forman un racimo sólido a pesar de haber panales intermedios. Algunos individuos se meten de cabeza en las celdas vacías del panal, por lo que la única barrera que las separa de otras abejas es la hoja intermedia del panal y no el panal completo. La reina tiende a situarse al centro del racimo junto con un grupo de abejas que constantemente consumen miel para hacer vibrar sus músculos toráxicos y así generar calor. Este calor se disipa hacia el exterior del racimo donde otras abejas lo conservan a través de mantenerse más o menos pegadas unas con otras, dependiendo de la temperatura ambiental. El sobre calentamiento también puede ser riesgoso, por lo que las abejas del racimo regulan la temperatura mediante la apertura de canales a través de los cuales puede circular aire frío al interior del racimo. Luego entonces, la regulación de la temperatura durante el invierno, es un proceso dinámico de generación de calor, conservación del mismo y enfriamiento compensatorio. Este proceso es costoso en energía, lo que requiere del uso continuo de las limitadas reservas de alimento. Por ello el racimo nunca está muy lejos de los alimentos y en un nido típico de invierno las abejas del racimo cubren y ocupan celdas vacías, arriba de las cuales hay un arco de celdas con polen almacenado y sobre éste, hay otro arco de celdas con miel almacenada. El racimo de abejas puede moverse lentamente (hacia arriba o a los lados, o raramente hacia abajo) para tener acceso a nuevas reservas de alimentos conforme los necesite.

La primavera y el ciclo reproductivo

Durante la primera parte del invierno, el racimo de abejas puede tolerar oscilaciones relativamente amplias de temperatura porque no hay cría. Pero una vez que el solsticio de invierno ha pasado, cuando las temperaturas son más frías, la colonia hace lo impensable – comienza su fase reproductiva. La reina empieza a poner huevos al centro del racimo y las crías inician su desarrollo. Los cambios bruscos de temperatura ya no son tolerados y con la producción de cría, hay un mayor consumo de alimentos y generación de calor. No es de sorprender que el riesgo más grande de muerte por hambre y frío amenace a la colonia de mediados a finales del invierno. Además, no resulta sorprendente que muchas colonias pierdan la apuesta en ésta etapa donde hay tanto en juego. En un estudio realizado en el estado de Nueva York en los años 70s, se encontró que únicamente el 25% de las nuevas colonias seguían vivas después de sus primeros 12 meses. Para *Apis mellifera*, morir de hambre en el invierno es la norma, no la excepción; esto es triste pero es verdad.

Bajo condiciones más favorables, la colonia es capaz de ajustar su ritmo reproductivo de acuerdo a sus reservas de alimentos. La colonia puede complementar sus valiosas reservas con nuevas provisiones una vez que los primeros flujos de néctar estén disponibles. Es entonces cuando el crecimiento de la colonia da un rápido salto hacia adelante; un mayor número de obreras jóvenes pueden incubar una área creciente de cría.

Éste paso de crecimiento acelerado continúa durante varias semanas, limitado únicamente por las fluctuaciones diarias de las fuentes de alimentos. El crecimiento de la colonia está destinado a una sola cosa: la reproducción, la cual ocurre por medio de un proceso de fisión o división de la colonia, llamado enjambrazón. Éste proceso implica por necesidad la producción de reinas, lo cual ocurre alrededor de mediados de la primavera, cuando la colonia comienza a desarrollar celdas reales. El proceso de enjambrazón es reversible, por lo que puede suceder que al paso de algunas semanas la colonia destruya sus celdas reales si las condiciones de pecoreo empeoran, volviéndolas a desarrollar cuando las condiciones mejoran. Pero si todo va bien, eventualmente la colonia tendrá varias celdas en diferentes estadios de desarrollo, algunas de las cuales estarán cerca de emerger. La enjambrazón ocurre en la tarde – casi siempre en un día cálido y con buen flujo de néctar. El día de la enjambrazón, grupos de obreras corren frenéticamente en el interior del nido. La reina vieja es mordida por algunas obreras, dejándola alterada. De pronto, la reina madre junto con aproximadamente la mitad de la población de la colonia, salen volando por la entrada del nido, formando una nube de abejas del tamaño del patio trasero de una casa. La reina se posa sobre algún objeto, normalmente la rama de un árbol y sus feromonas orientan a la nube de abejas que poco a poco se aproximan a ella, aterrizando en la rama y formando un racimo de abejas a su alrededor (Fig. 13). Ésta es una parada temporal que solo dura unas cuantas horas. Las abejas exploradoras localizan alguna oquedad para alojar el nido y en poco tiempo el enjambre parte nuevamente para instalarse en su nuevo hogar. Se sabe que el proceso de exploración para encontrar un nuevo nido comienza varios días antes de la enjambrazón, por lo que la función de las exploradoras el día de la

Figura 13. Un enjambre en la fase intermedia de agrupamiento. Después de algunas horas se reubicará en un nido permanente.

enjambrazón es más bien el de una reorientación en relación a la nueva ubicación del enjambre.

Una vez que el enjambre se ha establecido en el nuevo sitio, hay un objetivo principal: sobrevivir el invierno siguiente. Las abejas que enjambran llevan consigo miel de la colonia parentál, para inmediatamente secretar cera y construir panales para la producción de cría y el almacenamiento de alimentos. La construcción de panales debe continuar aún después de que las reservas de alimento traídas del nido parentál se hayan consumido y dado que la estimulación de las glándulas de la cera requieren de provisión continua de néctar, el crecimiento de la colonia pudiera detenerse si los recursos florales se secan temporalmente. La reina comienza a poner tan pronto se construyen panales – al cabo de pocas horas. Durante el resto de la primavera y durante el verano, se construyen panales, se produce cría y se colectan alimentos.

Pero regresando al día de la enjambrazón, otro drama ocurre en la colonia parental – la sucesión de la reina, un asunto que de ninguna manera resulta fácil. Lo más simple es que la primera de las reinas hijas en emerger se embarque en una campaña fratricida, matando a cada una de sus hermanas rivales cuando aún están dentro de sus celdas. Es fácil identificar celdas

Figura 14. Una serie de celdas de enjambrazón a lo largo de la orilla inferior de un panal. La reina de la celda de mas a la izquierda emergió normalmente, a juzgar por el orificio de salida en la punta de ésta. Las celdas a la derecha fueron abortadas, a juzgar por los orificios a los lados de las celdas.

abortadas porque están perforadas por un costado. Cuando las celdas están abiertas por la punta, quiere decir que una reina emergió de manera normal (Fig. 14). Una vez que sus rivales han sido eliminadas, la nueva reina efectúa sus vuelos de apareamiento y comienza a poner huevos y la colonia parental se estabiliza y reconstruye su fuerza de pecoreo para almacenar una reserva de alimentos para el invierno. Pero normalmente la sucesión real no es tan simple. Si la colonia está muy poblada, pudiera enjambrar dos o hasta tres veces. Cada enjambre requiere de una reina, la vieja madre en el caso del primer enjambre, o una hija en el caso de los subsecuentes. Las obreras regulan este proceso a través de proteger y evitar o no que las celdas reales sean dañadas por reinas rivales. Una vez que el impulso reproductivo ha quedado satisfecho, las obreras dejan de proteger las celdas reales, siendo la última reina en emerger la que se convierte en la madre de la colonia; la colonia pasa el resto de la temporada preparándose para el invierno.

Reemplazo de la reina

Es muy importante que un apicultor sepa distinguir entre celdas reales construidas para reemplazar una reina defectuosa – llamadas celdas de *reemplazo* – y aquellas destinadas a la enjambrazón. Las celdas de reemplazo pueden construirse en cualquier época de la temporada de actividad cuando una reina falla en su postura o cuando se pierde. Debido a que estas celdas se construyen en respuesta a un evento específico – la pérdida de la reina – tienden a ser parejas en cuanto a edad. Se observan sobre la cara del panal en vez de a las orillas de este (Fig. 15). Las reinas que emergen de éstas celdas tienden a ser de relativa baja calidad porque su producción no necesariamente ocurre en épocas de recursos abundantes. Por otro lado, las celdas de enjambrazón, son más numerosas, se observan en varias etapas de madurez y se construyen durante los flujos de néctar en primavera (Fig. 16).

Regulación del pecoreo y el reclutamiento

La población de una colonia de abejas oscila entre 10,000 y 60,000 individuos a lo largo de los 12 meses del año. Esto representa una biomasa promedio de 4.5 Kg., el tamaño de un perro pequeño. Ésta entidad del tamaño de un perro necesita una reserva de alimentos de al menos 45 Kg. de miel y polen para sobrevivir el invierno. Pero lo impresionante es el escaso número de semanas de las 52 que tiene el año, que tienen las abejas para colectar y almacenar todos éstos nutrientes. En la mayoría de las

Figura 15. Las celdas reales de reemplazo tienden a ser uniformes en cuanto a su edad y se observan sobre la cara del panal y no en su orillas.

regiones de clima templado, la época de disponibilidad de néctar es breve y dura semanas y no meses. Por eso, las abejas deben ser pecoreadoras eficientes. Éstas expresan su eficiencia en al menos dos maneras: regulación del pecoreo y reclutamiento de compañeras de su nido.

Se sabe que ciertos grupos de abejas presentes en el nido, son capaces de evaluar las necesidades de recursos de la colonia y comunican ésta necesidad a las pecoreadoras por medio de un sistema de retroalimentación que funciona de la siguiente manera: Si la necesidad principal de la colonia es energía (carbohidratos), las "evaluadoras" buscan a las pecoreadoras y toman rápidamente sus cargas de néctar. Éste entusiasta comportamiento motiva a las pecoreadoras a continuar colectando el mismo recurso. Por otro lado, si lo que más se necesita es agua, entonces las abejas del nido tardan más en descargar a las pecoreadoras que transportan néctar que a las que transportan agua. Una recepción tan poco entusiasta en el nido motiva a las pecoreadoras de néctar a colectar otro recurso diferente.

Figura 16. Las celdas de enjambrazón jóvenes tienden a ser numerosas, variables en edad y asociadas a flujos de néctar tempraneros.

La eficiencia en el pecoreo también se manifiesta en uno de los atributos más admirados de las abejas – el reclutamiento de compañeras de nido. Cuando las pecoreadoras descubren un nuevo recurso, regresan a su nido y reclutan a otras abejas a explotar ese recurso; esto lo hacen por medio de un lenguaje de danzas que simbólicamente comunica la distancia al recurso y su localización. Las abejas que bailan comunican la riqueza relativa del recurso encontrado ya sea proporcionando a sus compañeras de nido, muestras del néctar que transportan, o variando el ritmo de su baile: entre más rápido es el baile, más nutritivo o cerca está el recurso. Debido a que una colonia puede tener cientos o miles de exploradoras y pecoreadoras en el campo en un momento dado, puede haber varias abejas bailando en diferentes partes de un panal o en diferentes panales. Las abejas en el nido pueden evaluar la información de los bailes y concentrarse en los que comunican la ubicación de los recursos más valiosos. La colonia responde rápidamente a los bailes porque las reclutadoras se esparcen como una amiba por todo el nido. Cuando un recurso valioso es descubierto, la colonia despacha una fuerza de pecoreo en cuestión de minutos.

El efecto sumado de la regulación del pecoreo más el reclutamiento de pecoreadoras, es el mecanismo que mantiene la eficiencia del pecoreo a nivel de la colonia. Los esfuerzos de pecoreo se concentran en los recursos que más necesita la colonia y el sistema de reclutamiento asegura la rápida colección de recursos disponibles.

Capítulo 3
La Colmena y sus Accesorios

Primero encuéntrale a tus abejas un domicilio estable y seguro...

Virgilio, Los Georgianos, IV

Para empezar, definamos un par de términos. Una "colonia" de abejas es el término biológico para referirse a un nido de *Apis mellifera*, la entidad descrita en el capítulo anterior. Una "colmena" es un recipiente hecho por el hombre para alojar a la colonia. Estos términos a veces se usan como sinónimos, lo cual es incorrecto y en ocasiones da lugar a confusiones.

Dicho lo anterior, éste libro se refiere exclusivamente a la versión americana de la colmena Langstroth de diez bastidores. Salvo raras excepciones, los diseños de colmenas anteriores a la de Langstroth eran diseños elegantes con poco o ningún conocimiento de la biología de las abejas. Un problema común de esas colmenas era la imposibilidad de sacar o intercambiar panales sin dañar el nido. Ese problema fue resuelto en el siglo 19 por Lorenzo Lorraine Langstroth, un pastor de una congregación eclesiástica de Ohio y no es una exageración decir que la rápida transformación de la apicultura de una industria de traspatio a una empresa de clase mundial, fue debida a su ingenio.

Langstroth patentó su colmena de bastidores móviles en 1852. Su inspiración resultó de darse cuenta que las abejas dejan un espacio mínimo entre los panales en los nidos naturales. Este *espacio de la abeja*, _-de 9 mm, es necesario para permitir el movimiento de las abejas en el nido. Aperturas de menor distancia que el espacio de la abeja, son rellenadas por las obreras con propóleo; pero si la apertura es mayor que dicho espacio, las abejas construyen otro panal. Con esta visión, Langstroth diseñó una caja en la que los panales estaban reforzados con marcos de madera, que colgaban en el interior de la caja, mientras mantenían el espacio de la abeja a su alrededor. La colmena de Langstroth cambió todo. Por primera vez, los apicultores podían meter, sacar, o mover panales sin causar daños serios a la colonia. El diseño de una simple caja permitió estandarizar el equipo y mecanizar su manipulación. En resumen, el difícil problema de manejar de manera práctica a las abejas había sido resuelto. La revolucionaria colmena de Langstroth desencadenó un periodo de innovaciones tecnológicas para la apicultura, cuya brillantes y fecundidad no tienen precedente. A la colmena movilista le siguieron la invención de la cera *estampada* – hojas de cera de abejas con hexágonos impresos, usadas para guiar a las abejas en la construcción de panales, el extractor *centrífugo* de miel – una máquina que extrae la miel de los panales sin destruirlos y el ahumador de abejas – un instrumento portátil que se usa para proyectar humo al interior de las colmenas, una práctica conocida desde la antigüedad para calmar a las abejas. La colmena Langstroth y sus variantes son en la actualidad las de uso estándar en casi todo el mundo.

Las partes de una colmena son de tamaño estándar a pesar de la gran cantidad de fabricantes de ellas que hay en los EUA. En las secciones siguientes describo de abajo hacia arriba las partes y la construcción de una colmena Langstroth de medidas estándar. Por lo general, las colmenas se venden desarmadas a menos que se solicite lo contrario. Yo recomiendo que se use pegamento de madera y clavos en todas los ensambles de la caja. La mayoría de los fabricantes pre-perforan orificios para los clavos afuera de los ensambles; pero cuando no es así, recomiendo que se hagan perforaciones antes de insertar totalmente los clavos, para reducir al mínimo las rajaduras de la madera. Las superficies externas de la colmena deben pintarse con pintura para exteriores de buena calidad. No es necesario ni aconsejable pintar el interior de las colmenas. Todas las partes que aquí se mencionan son de medidas estándar y están descritas y disponibles en catálogos de implementos apícolas.

 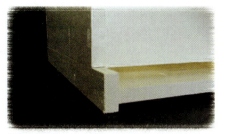

Figura 17. El piso de la colmena es sesgado para proveer una de dos posiciones; ésta es la posición estrecha.

Figura 18. Este piso muestra la posición amplia. Esta posición es más común y tiene la ventaja de aceptar un alimentador Boardman.

Piso

El *piso* de la colmena consiste de tablas ensambladas entre dos rieles laterales y posee un listón de madera a lo largo de su parte posterior. Hay un espacio al frente para proveer una entrada (piquera) para la colonia de abejas. Los canales de los rieles laterales que sostienen las tablas del piso están sesgados. Esto permite que la colmena pueda establecerse de dos maneras, con una piquera estrecha (Fig. 17) o con una más amplia (Fig. 18). La piquera estrecha es generalmente usada solo en condiciones de frío, mientras que la amplia es la más utilizada en todas partes del país. El piso no debe colocarse directamente sobre el suelo, sino sobre bloques de concreto u otro material resistente al agua.

El interés por usar pisos cubiertos con malla-criba (Fig. 19) ha ido en

Figura 19a (izquierda). Piso enmallado. Figura 19b (derecha). Piso enmallado colocado debajo de la cámara de cría

aumento desde finales de los años 90s. Se ha encontrado que los pisos con criba aumentan la producción de cría y reducen el crecimiento poblacional del ácaro varroa (ver el **Capítulo 8**).

Cubos de cámara de cría

Encima del piso se colocan uno o dos *cubos de cámara de cría*, a veces llamados *alzas profundas*. Éstas cajas de 23 cm son las más altas del inventario apícola (Fig. 20). Su profundidad provee el espacio suficiente para que la reina ponga huevos ininterrumpidamente, por lo que a ésta área a veces se le denomina *nido de cría*. Éste espacio es el corazón de la colonia. Aquí es donde la reina produce la cría y donde ocurre la mayor parte del manejo que determina el éxito o fracaso del apicultor. El uso de uno o dos cubos de cámara tiene que ver con la localidad, tradición y preferencia personal. Un cubo provee espacio suficiente para que una reina produzca una colonia con 50,000 a 60,000 obreras. Visto de manera práctica, yo prefiero un cubo porque se ahorra equipo y se facilitan algunos manejos como la búsqueda de la reina. Sin embargo, para muchos apicultores los dos cubos son necesarios porque proporcionan espacio para las reservas de invierno y porque disminuyen la congestión del nido de cría – un estímulo primordial para la enjambrazón, la cual, como veremos en el **Capítulo 5**, es un problema para la producción de miel. En general, yo recomiendo una de dos configuraciones básicas para la colmena: (1) un cubo para la producción de cría, más un excluidor de reinas, más una alza para reservas de alimentos (Fig. 21), o, (2) dos cubos tanto para cría como para alimentos (Fig. 22). La configuración #1

Figura 20. Los tamaños estándar de alzas, de abajo hacia arriba: un cubo profundo o cámara de cría, alza de miel mediana y alza de miel corta.

La Colmena y sus Accesorios

Figura 21. Configuración de colmena #1: una cámara para albergar a la reina y a la cría, un excluidor de reinas y una o más alzas de miel para reservas de alimento.

Figura 22. Configuración de colmena #2: dos cámaras para la reina, cría y reservas alimenticias. Ya sea que se use la configuración #1 o la #2, éste espacio es considerado el dominio de las abejas. La miel se cosecha de las alzas puestas por encima de esta configuración.

es más común en regiones cálidas y la #2 en regiones frías; pero esto no es mutuamente excluyente. Me voy a referir a éstas dos configuraciones a lo largo del libro.

Excluidor de reina

Éste implemento es una rejilla metálica (Fig. 23) que las obreras pueden atravesar fácilmente, pero no la reina, por ser más grande. Se coloca entre la cámara de cría y las alzas de miel y su función es aislar a la reina – y sus huevos y cría – del área de la colmena dedicada a la producción de miel. El uso de excluidores de reinas es materia de controversia; algunos apicultores creen que limitan el movimiento de las obreras y afectan la producción de miel. Yo creo que son útiles, especialmente si se trabaja con la configuración de un cubo de colmena.

Para avalar esta recomendación debo hablar un poco sobre el concepto

Figura 23. Un excluidor de reinas se pone entre la cámara de cría y las alzas para miel. Los alambres están calibrados para mantener a la reina, que es de mayor tamaño, fuera de las alzas para miel.

de la barrera de miel. En la naturaleza, un nido de abejas tiene la cría al centro y las reservas de miel arriba. Generalmente, la reina evita cruzar esta barrera de miel y depositar huevos sobre ella. En una colmena de dos cubos, la barrera de miel se crea de manera natural en el segundo cubo, pero en una colmena de un cubo, esta barrera se forma en la alza. Y dado que la función de la alza es el almacenamiento de alimentos, resulta ineficiente permitir a la reina usar éste espacio para la producción de cría. El empleo del excluidor en una colmena de un cubo eficientiza al máximo el uso del equipo; la cría se restringe a la cámara de cría y las reservas de alimento a la alza. En resumen, los excluidores de reinas son útiles en colmenas de un cubo, pero no necesariamente en las de dos cubos.

Alzas de miel

Las *alzas* proporcionan espacio para el almacenamiento de miel. Con excepción de la alza para reservas de alimento en las colmenas de una cámara, éstas se usan para almacenar la miel del apicultor. Como su nombre lo indica, las alzas se colocan encima de la cámara de cría. Existen dos tamaños de alzas para miel: la mediana de 16.5 cm y la corta de 13.5 cm (Fig. 20). Existe un tercer tipo de 10 cm, pero ésta solo se usa exclusivamente para la producción de miel en panal, lo cual se describe en el **Capítulo 6**. Las alzas de miel son más cortas que los cubos de cámara de cría porque la miel es pesada y resulta más fácil manejarla en cubos más pequeños.

Hoja estampada

Cada bastidor necesita una hoja *estampada*. La hoja consiste de una lámina de cera de abejas o de un plástico que lleva celdas hexagonales grabadas. Las abejas usan esta base estampada como la estructura central sobre la cual construyen sus panales naturales (Fig. 24). Sin hojas estampadas, no hay

La Colmena y sus Accesorios

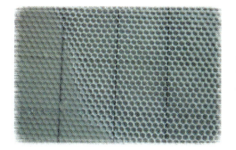

Figura 24. Las abejas usan la plantilla hexagonal de la hoja de cera para construir hacia afuera sus celdas naturales.

Figura 25. Un bastidor profundo mostrando una hoja estampada de cera 100% pura. La hoja tiene alambres verticales incrustados los cuales le dan mayor rigidez.

seguridad de que las abejas construirán sus panales paralelos a los bastidores, o dentro de éstos. La mayoría de los estampados son de celdas de obrera, pero también se pueden conseguir hojas estampadas con celdas de zángano para criadores de reinas que desean aumentar la producción de machos.

El tamaño de la hoja estampada depende del tamaño del bastidor (profundo, mediano, corto, o para miel en panal), mientras que el material con el que se fabrica, es variable. La hoja tradicional se hace con cera de abejas 100% pura y está reforzada con alambres incrustados verticalmente en ella (Fig. 25). El reforzamiento con alambres verticales es recomendable para bastidores cortos o medianos, pero para los profundos se requiere de un refuerzo horizontal adicional, que se aborda en el tema de **Bastidores**. Las hojas de cera para miel en panal son extra delgadas y sin alambres; esto es necesario para mejorar la palatabilidad de la cera que es consumida junto con la miel.

Las hojas estampadas de plástico se inventaron buscando una mayor durabilidad de los panales. La primera hoja útil de plástico estampado, la Duragilt™, que todavía se comercializa, consiste de una hoja flexible de plástico bañada con cera de abejas por ambos lados (Fig. 26). Últimamente lo que más se ha utilizado son las hojas estampadas de plástico duro, algunas de las cuales están cubiertas por una fina película de cera de abejas (Fig. 27). La película favorece su aceptación por parte de las abejas. Las hojas duras tienen la ventaja adicional de ser fáciles de instalar. Todo parece indicar que las hojas estampadas de plástico ganarán la mayor parte del mercado en los años por venir.

Figura 26. Las hojas estampadas de Duragilt™ consisten de una base de plástico cubierta de cera de abejas y sus orillas están reforzadas con metal.

Figura 27. Las hojas estampadas de plástico duro son fáciles de instalar. Los bastidores para éstas hojas vienen con cabezal y listón inferior acanalados. La hoja simplemente se incrusta en los canales.

Bastidores

Los cubos de cámara y de alza están fabricados para contener diez bastidores. El tamaño de los bastidores es específico para cada cubo. Cada bastidor "enmarca" un panal de cera, al cual le da rigidez y forma. Sin el refuerzo de un marco, un panal natural se doblaría y rompería al ser manipulado. Las partes de un bastidor así como la forma de ensamblarlo son universales. En las ilustraciones muestro los pasos para armar bastidores profundos de cubos de cámara.

Figura 28. Un bastidor consiste de un cabezal, 2 listones laterales y un listón inferior. El cabezal y el listón inferior tienen canales internos.

Figura 29. Construcción de un bastidor tradicional con tira removible. El primer paso es quitar la tira.

Un bastidor se compone de cuatro partes: un cabezal, dos listones laterales y un listón inferior (Fig. 28). El cabezal tradicional tiene una tira removible – una pieza hecha para desprenderse y re-clavarse en el mismo sitio, para sostener la hoja estampada. Primero quite esta pieza con un cuchillo (Fig. 29). Después, utilice pegamento para madera y clavos para armar el bastidor como se muestra en las Figuras 30-31. Un bastidor bien construido tiene diez clavos, dos de los cuales atraviesan horizontalmente los listones laterales para fijarlos al cabezal.

Si va a usar hojas de cera estampada, va a necesitar usar refuerzos adicionales a los que traen las hojas. Una opción es poner pinzetas de sostén en los dos orificios centrales de los listones laterales (Fig. 32), pero una mejor opción es usar alambres horizontales en el bastidor. Inserte ojillos metálicos en los dos orificios centrales de los listones laterales (Fig. 33) y pase un alambre de un lado hacia el otro a lo largo del bastidor y luego sujételo con un clavo (Fig. 34). Los ojillos son necesarios para evitar que el alambre corte la suave madera del bastidor. Posteriormente, inserte la hoja estampada de manera que los alambres queden centrados en ella, con un alambre de cada lado (Fig. 35); éste procedimiento asegura que la hoja no se doble en el

Figura 30. Clave el listón inferior a los listones laterales de manera que el canal del listón inferior quede mirando hacia adentro.

Figura 31. Para unir el cabezal con los listones laterales, meta un clavo horizontalmente que vaya de cada listón lateral al cabezal.

Figura 32. Las pinzetas o alfileres de apoyo pasan por los orificios de los listones laterales y se incrustan en la hoja estampada.

Figura 33a (izquierda). Puede usarse una herramienta de presión para insertar ojillos en los orificios de los listones laterales. Figura 33b (derecha). Ojillo insertado

Figura 34. Los ojillos evitan que el alambre horizontal de apoyo corte la suave madera del bastidor. Note el clavo que sostiene los extremos del alambre de apoyo. Dos líneas en el medio del bastidor son suficientes.

Figura 35. Inserte la hoja de cera estampada entrelazada entre los alambres horizontales de apoyo – con un alambre de cada lado. Esto evita que la hoja se doble por enmedio.

medio. Al mismo tiempo, hay que insertar la hoja de tal manera que los ganchos de los alambres verticales descansen en el cabezal como se muestra en la Figura 36 (la orilla sin ganchos simplemente se sostiene en el canal del listón inferior). Ponga la tira sobre los ganchos, y clávela (Fig. 37). El último paso es incrustar los alambres en la cera con una espuela (Fig. 38).

Figura 36. Los ganchos de los alambres verticales deben descansar dentro del canal del cabezal para que la tira removible los sostenga cuando sea clavada en su lugar.

Figura 37. La tira clavada en su sitio, asegurando los ganchos de los alambres.

Figura 38. Incruste los alambres horizontales sobre la hoja de cera con una espuela; si no lo hace, las abejas pueden construir celdas de manera desordenada a lo largo del alambre.

Figura 39. El cabezal a la izquierda tiene un canal donde entra la hoja de plástico rígido. El cabezal a la derecha es el típico cabezal con tira removible. Observe como la tira está sobrepuesta, para facilitar su remoción con un cuchillo (ver Fig. 29).

El ensamblado es diferente – y más fácil – cuando se usa la hoja estampada de plástico rígido. Por un lado, los cabezales tienen canales al centro (Fig. 39) en vez de tiras laterales. Después de armar el bastidor, simplemente se flexiona la hoja plástica y se inserta a presión en los canales del cabezal y del listón inferior. No se necesitan ni pinzetas ni alambres.

Techos interno y externo

El mejor sistema de protección que un apicultor aficionado puede usar es la combinación de un techo interno y otro externo (Fig. 40). El techo interno se coloca sobre la alza superior, lo cual mantiene el espacio de las abejas y proporciona una capa aislante de aire. El techo exterior o telescópico se pone sobre el techo interno para proteger a la colmena de condiciones climáticas.

Alimentadores

Existen temporadas durante el año en que no hay néctar disponible en el campo. Por esta razón las abejas producen y almacenan miel – para mantenerse durante las épocas de escasez. Hay mucho en riesgo, lo que puede significar la vida o la muerte para la colonia. Prevenir estas crisis es parte del trabajo del apicultor, por lo que debe estar preparado para intervenir y proporcionar alimentación artificial cuando se necesite. Existen muchos tipos de alimentadores de jarabe. Voy a mencionar solo cuatro de ellos.

Figura 40a.
El techo interno

Figura 40b.
El techo externo
cubriendo al interno

Alimentador Boardman

Consiste de una base de plástico o de madera que se inserta en la piquera de la colmena y que sostiene un envase invertido de un litro de jarabe (Fig. 41). Las abejas entran caminando al interior de la base y succionan el jarabe a través de las perforaciones hechas con un clavo en la tapa del envase. Ésta es una manera sencilla de alimentar a las abejas, pero tiene tres desventajas. Primero, está limitado a solo un litro de capacidad, lo que induce al apicultor a pensar en volúmenes pequeños. Como dijera el finado Richard Bonney, cuando se alimentan abejas debemos pensar en galones por colonia y no en litros. Segundo, al ser colocado en la piquera, el alimentador queda retirado del nido; en épocas frías, las abejas no pueden alejarse del racimo para acceder al alimento. Por último, al estar instalado en la piquera, el alimentador mantiene el jarabe accesible a abejas pilladoras. Una colonia débil con un alimentador Boardman corre el riesgo de ser pillada hasta la muerte por abejas de colonias fuertes. Contrario a éstas desventajas, un alimentador Boardman es un implemento excelente para proporcionar agua a las colonias en temporadas calientes y secas.

Figura 41. Alimentador Boardman

Alimentador tipo bastidor

Se trata de un alimentador en forma de bastidor que se coloca colgado al lado de los bastidores del interior de la cámara de cría. Puede estar hecho de una armazón de madera con plafones (a prueba de agua en las uniones) o puede estar hecho de una sola pieza de plástico moldeado. La ventaja de estos alimentadores es que pueden colocarse justamente al lado del racimo de abejas y una vez instalados es relativamente fácil volverlos a llenar. Pero también tienen desventajas. Primero, hay que abrir las colmenas para rellenarlos, lo cual puede resultar estresante para las abejas en temporadas de frío o de calor, cuando existen condiciones para el pillaje. Segundo, constantemente se presenta el problema de que las abejas se ahogan en el jarabe dentro del tanque. Éste problema puede reducirse si se pone malla metálica doblada en el interior del tanque para que las abejas tengan donde pararse (Fig. 42).

Bolsas de plástico

Al igual que el método anterior, éste es un método de alimentación interna, que tiene la ventaja de eliminar el riesgo de que las abejas se ahoguen. El sistema utiliza bolsas de plástico para alimentos de un galón de capacidad que pueden conseguirse en tiendas de abarrotes. Simplemente llene una bolsa con jarabe, séllela y póngala directamente encima del racimo de abejas y

Figura 42. Alimentador tipo bastidor. La armazón de madera evita que las paredes se colapsen hacia adentro o hacia afuera y la malla doblada en su interior ayuda a que las abejas no se ahoguen en el jarabe.

protéjala con un cubo vacío de alza corta (Fig. 43). Con una navaja o cuchillo, haga un corte de 1 pulgada en la parte superior de la bolsa para que salga un poco de jarabe. Las abejas descubrirán y consumirán el jarabe rápidamente. Éste método de alimentación es barato, limpio y práctico. Pone el alimento cerca de las abejas y elimina el desagradable trabajo de servir jarabe en el campo.

Cubetas con tapas perforadas

Éste método es similar al de las bolsas plásticas y es el único con el que se pueden alimentar abejas en una situación de emergencia durante el invierno. Las abejas se mueven poco o nada durante épocas de frío extremo, por eso si la colonia tiene hambre durante el invierno, la comida debe ponerse directamente sobre las abejas. Los proveedores de implementos apícolas venden cubetas de plástico especialmente diseñadas para éste

Figura 43. Bolsa de plástico llena de jarabe puesta sobre los bastidores de la cámara de cría. Un pequeño corte en su parte superior libera el jarabe. El espacio adicional se cubre con una alza vacía.

propósito, la mayoría con capacidad de un galón. Ponga un jarabe espeso de 2 partes de azúcar y 1 parte de agua en el alimentador, abra la colmena y coloque la cubeta sobre el racimo de abejas con la tapa perforada hacia abajo y cubra el alimentador con una alza vacía y una tapa.

Ahumador

Los apicultores han conocido y usado el efecto calmante del humo sobre las abejas desde la antigüedad. Los primeros ahumadores eran simplemente antorchas, pero cuando Moses Quinby inventó su ahumador en los 1870s, dio por primera vez a los apicultores una manera práctica de dirigir el humo donde se necesitaba. La versión moderna del ahumador de Quinby consiste de un fuelle unido a un tanque de combustión. Entre los combustibles recomendables para ahumadores están las agujas de pino, los centros de mazorcas de maíz, la viruta de madera, o el excremento seco de vaca. Las instrucciones para encender un ahumador se dan en el **Capítulo 4**, **Manejo de una colonia**.

Cuña o Alzaprima

Es necesario utilizar algún tipo de herramienta como la cuña, para separar las partes de la colmena que las abejas pegan con propóleo. El extremo de la cuña que se usa para despegar piezas propolizadas, es ancho, porque si fuera angosto (como un desarmador) cortaría y dañaría las partes de madera de la colmena. Hay dos diseños populares de cuña. El más tradicional tiene un extremo ancho y plano para funciones de despegue y otro extremo acondicionado para el raspado (Fig. 44). La versión más nueva también tiene un extremo ancho que se usa para despegar partes de la colmena, pero el otro extremo es una palanca diseñada para jalar bastidores de las alzas (Fig. 45).

Figura 44. Cuña o alzaprima tradicional

Figura 45. El modelo más nuevo de cuña está diseñado para despegar y jalar bastidores

Velo

El velo es el equipo mínimo indispensable de protección. El velo tradicional se usa junto con un sombrero de fibra o plástico. Los cordones del velo se pasan por detrás de la cintura y se sujetan al frente (Fig. 46). Hay modelos recientes que traen el velo integrado al sombrero en una sola pieza y que pueden ser lavados. Los velos con cierre se ajustan al traje apícola, lo que provee una protección completa (Fig. 47), pero sucede que no todos los apicultores, aún los principiantes, piensan que un traje apícola completo es lo ideal para trabajar en el exterior durante las altas temperaturas de verano. Por ello, los velos de cordones siguen siendo los preferidos, ya que pueden usarse con o sin traje.

Figura 46.
Velo de amarre tradicional

Figura 47.
Velo de cierre de cremallera para usarse con un traje apícola completo

Guantes

La mayoría de los principiantes comienzan sus aventuras apícolas usando guantes porque eso les asegura protección extra (Fig. 48). Sin embargo, aunque pueda parecer increíble, los guantes no siempre son la mejor protección contra los piquetes de las abejas, por lo que muchos apicultores los dejan de usar conforme adquieren experiencia. Lo anterior se debe al simple hecho de que un apicultor con guantes es más torpe que sin ellos. Cuando se utilizan guantes existe el riesgo de tratar a las abejas más bruscamente, aplastando algunas de ellas sin quererlo, con la consecuente liberación de feromona de alarma, lo que provoca una mayor respuesta defensiva de las abejas en comparación a cuando se trabaja sin guantes. Los apicultores experimentados reciben menos piquetes y manejan las colmenas con menor daño tanto para ellos como para las abejas al trabajar con las manos descubiertas. Yo utilizo guantes, pero solo para manejos pesados como la cosecha de miel, o en esos días en que las abejas están muy agresivas. En resumen, está bien comprar un buen par de guantes, pero utilícelos como excepción y no como regla.

Traje apícola

La mejor manera de protegerse contra los piquetes de las abejas es usando un traje apícola, el cual consiste de un overol blanco, un velo de cierre de cremallera y un par de guantes (Fig. 48). Los principales inconvenientes de usar un traje apícola son el acaloramiento para el apicultor y el riesgo de manejar con rudeza a las abejas. Yo utilizo un traje, pero solo para no batirme de miel durante la cosecha o cuando el néctar gotea de los panales. En resumen, conviene tener un traje apícola para trabajos sucios o para cuando las abejas están muy agresivas. Pero la mejor defensa del apicultor contra los piquetes siempre será un ahumador y las buenas prácticas de manejo.

Figura 48. Traje apícola completo

Capítulo 4
La Iniciación

"Nos estamos acercando," dijo Gandalf.
"Estamos a la orilla de su flora apícola."

J.R.R. Tolkien, *El Hobbit*

Sitios para apiarios

Al escoger un lugar para poner un apiario el apicultor debe tomar en cuenta a sus vecinos, a sus abejas y a si mismo. Es un hecho que la mayoría de la gente teme a las picaduras de insectos y por eso es una buena idea poner las colmenas en sitios en donde no llamen la atención de los vecinos, o de la gente que conduce, o que camina. Algunos apicultores son más precavidos que otros y pintan sus colmenas con colores de camuflaje como el verde o el tono tierra. Hay que poner las colmenas lejos de animales de ganadería o de corrales y ubicarlas de manera que los corredores de vuelo de las abejas no atraviesen banquetas, estacionamientos, o parques de juego. Una de las quejas más frecuentes de los vecinos de apicultores, es que las abejas pecorean agua en sus albercas o en los platos de sus mascotas. La forma más sencilla de disminuir éste problema, es darle a cada colmena agua en un alimentador Boardman en la piquera (ver el **Capítulo 3**, *Alimentador Boardman*).

Lo siguiente es evitar lugares con excesiva humedad o sombra, que acumulen aire frío y húmedo durante el invierno. Las colonias de abejas funcionan mejor al estar expuestas al sol, lo que no solo estimula el pecoreo, sino que también ayuda al control de los ácaros parasitarios de varroa (ver el **Capítulo 8**). Para lugares con vientos fuertes de invierno se necesita algún tipo de barrera rompevientos. La barrera pudiera ser una hilera de árboles, pacas de paja, o una barda sólida. Es conveniente poner las colmenas en sitios con abundantes plantas que florean y con agua natural. En algunas partes del país el apicultor debe cercar sus colmenas para protegerlas de ganado vacuno o bien de osos depredadores.

Finalmente, el apicultor debe considerar su propia conveniencia. Resulta ventajoso tener un apiario con entrada accesible para un vehículo. Las malezas pueden evitarse si el apiario se ubica sobre grava, concreto, o sobre una alfombra grande. Algunos apicultores fabrican bases duraderas y para todo tipo de climas, usando bloques de concreto y rieles para levantar las colmenas a una altura cómoda para el manejo, lo cual disminuye la necesidad de trabajar con la espalda encorvada.

Cuatro maneras de iniciarse

Hay cuatro formas principales de iniciarse en la apicultura: instalando paquetes de abejas, instalando enjambres, instalando núcleos de abejas y comprando colonias establecidas. El instalar paquetes, enjambres y núcleos tiene la ventaja de que se usa equipo nuevo de su preferencia; además, el ser partícipe del establecimiento y desarrollo de sus primeras colonias resulta muy satisfactorio. Comprar colonias establecidas tiene la ventaja de contar con colonias maduras y listas para producir miel. Las desventajas de las colonias establecidas son el riesgo de enfermedad y la adquisición de equipo viejo o de mala calidad.

Manejo de una colonia

Como dije anteriormente, el ahumador es la herramienta más importante para manejar una colonia de abejas. Si se inicia con un paquete de abejas o con un enjambre, no se necesita el ahumador sino hasta la segunda visita a la colmena, porque es hasta ésta visita y las posteriores cuando las abejas reconocerán la colmena como su hogar y manifestarán una reacción defensiva. Sin embargo, para cada caso de iniciación se necesita un mínimo de práctica en el manejo de las abejas.

Cuando se enciende un ahumador, lo más importante a recordar, es mantener la flama por debajo del combustible y no sobre este. Conforme se bombea el fuelle del ahumador, se sopla aire bajo la flama, la cual se proyecta hacia arriba donde está el combustible fresco. Materiales como las agujas de pino, pedazos de centros de mazorcas de maíz, estiércol de vaca seco y viruta de madera, funcionan bien como combustibles de ahumadores. Para encender un ahumador, primero prenda un pedazo pequeño de papel periódico o un montón de agujas de pino y aviéntelo dentro del ahumador, bombeando constantemente el fuelle al mismo tiempo, para producir flamas. Agregue otro poco de combustible sin parar de bombear. Siga poniendo poco a poco más combustible y continúe bombeando el fuelle hasta llenar el ahumador; entonces, ciérrelo con la tapa. El objetivo es producir humo frío y denso (Fig. 49-51).

Una vez que el ahumador está bien prendido, póngase el equipo de protección y ahume la piquera de la colmena. Levante la tapa y eche humo por debajo de ella para calmar a las abejas que se encuentran en la parte superior de la colmena. Use la cuña para quitar la tapa, alzas y bastidores, los cuales estarán pegados con propóleo. Mueva los bastidores con cuidado para evitar aplastar abejas. Algunas bocanadas de humo al principio son suficientes para calmar una colonia pequeña por el resto de la revisión. Colonias más grandes requieren de varias ahumadas. Evite poner partes de la colmena que tengan propóleo directamente sobre el pasto u hojas sueltas, porque el propóleo es pegajoso y recoge basura.

Figura 49. Encienda un poco de combustible; aquí se muestra la paja de pino.

Figura 50. Bombee el fuelle para producir una flama.

Figura 51. Después de que el combustible está bien prendido, empaque bien el ahumador con más combustible, bombeando conforme lo hace.

Un apicultor debe preocuparse por el pillaje en épocas en que las abejas están activas pero en las que el néctar escasea. Las abejas de una colonia fuerte pueden robar la miel de una débil en dichas épocas. El principal estímulo para desencadenar el pillaje es el olor de la miel expuesta. Por ello es prudente evitar abrir las colonias en éstas temporadas, pero si el manejo debe hacerse, trabaje tan rápido como sea posible para reducir al mínimo la dispersión de olores de la colmena.

Instalación de paquetes de abejas
La instalación

Los paquetes de abejas que traen 2 a 3 libras de obreras y una reina fecundada, se venden por correo o se pueden recoger directamente con el proveedor en la primavera y al principio del verano. Entre las ventajas de los paquetes de abejas están el que son relativamente económicos y el hecho de que pueden ser enviados a cualquier parte del mundo siempre y cuando se les proteja de temperaturas extremas. La desventaja es el hecho de que los paquetes se desarrollan lentamente debido al retraso de 21 días entre los primeros huevos y la salida de las primeras obreras. Cientos de miles de paquetes son vendidos en este país cada primavera, por lo que constituyen la fuente más accesible de abejas para los principiantes.

La demanda supera a la oferta, lo que significa que debe hacer su pedido tan pronto como le sea posible, de preferencia pagándolo por adelantado, para garantizar recibir las abejas al inicio de la primavera. También deberá informar a su oficina local de correos sobre el envío del paquete de abejas para que lo llamen cuando llegue y así pueda recogerlo en persona. Mantenga el paquete fresco y bajo la sombra hasta que lo pueda instalar.

El día de la instalación, ponga una colmena vacía en su apiario. Necesitará velo, cuña, rociador de agua, un alimentador lleno de un jarabe 1:1 de agua y azúcar y el paquete de abejas (Fig. 52). Coloque la colmena sobre bloques de concreto u otra base a prueba de agua e inclínela ligeramente hacia adelante para que el agua de lluvia escurra afuera de la piquera. Quite la mitad de los bastidores y póngalos temporalmente a un lado (Fig. 53); los deberá meter a la colmena después de 24 horas. Después ponga su atención en las abejas. Póngase el velo y asperje a las abejas con agua a través de la malla, dándole vuelta al paquete lentamente mientras lo hace; el objetivo es mojarlas para disminuir su vuelo (Fig. 54). Use la cuña para quitar la tapa del paquete, lo que dejará al descubierto la lata de jarabe que el proveedor proporciona a las abejas mientras viajan (Fig. 55). Ayúdese con la cuña para sacar la lata de jarabe del paquete. Junto a la lata viene una jaula suspendida de un alambre o tira, que contiene a la reina (Fig. 56). Conforme saque la lata, sujete la jaula de la reina para evitar que se caiga al interior del paquete. Saque la jaula de la reina y cierre temporalmente el paquete con la tapa, quite las abejas que estén pegadas a la jaula de la reina e inspecciónela para asegurarse que está

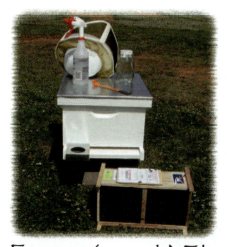 

Figura 52 (izquierda). Elementos necesarios para la instalación de un paquete: una colmena completa, velo, cuña, rociador manual con agua, alimentador de jarabe (base insertada en la piquera) con frasco lleno de jarabe de azúcar 1:1 (sobre la tapa) y el paquete de abejas. Figura 53 (derecha). Saque y ponga a un lado de la colmena la mitad de los bastidores.

Primeras Lecciones en Apicultura

Figura 54 (izquierda). Asperje a las abejas para disminuir su vuelo y facilitar su vaciado en la colmena. Figura 55 (derecha). Use la cuña para sacar la lata de jarabe del paquete y sujétela. La jaula de la reina está suspendida con una tira suave de metal al lado de la lata.

Figura 56. Las obreras tienden a formar un racimo alrededor de la jaula de la reina. Asperje a las abejas con agua si vuelan mucho.

viva. Cuando se es principiante es conveniente pagar un cargo extra para que el proveedor marque su reina con una gota de pintura en el tórax.

La jaula para reinas tipo *Benton* (Fig. 57) consiste en un bloque de madera con orificios perforados en ambos extremos, cada uno de ellos tapado con un corcho. La jaula tiene tres compartimentos circulares, dos de los cuales alojan a la reina y el otro está lleno de *candy para reina*, una pasta suave de azúcar fabricada por el proveedor para alimentar a la reina mientras es transportada y para proveer un mecanismo de lenta liberación de ésta. Quite el corcho del extremo con el candy y use un clavo para hacer un pequeño orificio a través de éste, cuidando no lesionar a la reina (Fig. 58). El orificio proporciona a las abejas un incentivo para comerse el candy y liberar a la reina. Cuelgue la jaula de la reina entre dos bastidores al centro de la colmena (Fig. 59). Luego, rocíe a las abejas con agua una vez más, quite la tapa y sacuda un poco de ellas directamente sobre la jaula de la reina. Ponga el paquete de abejas en el espacio donde quitó los bastidores, cierre la colmena y proporcione un alimentador lleno de jarabe. Luego de algunas horas, las obreras salen del paquete y se instalan sobre los panales que están alrededor de la reina, comienzan a comerse el candy para liberarla, descubren el jarabe, e inician la construcción de panales sobre las hojas estampadas (Fig. 60).

Abra la colmena luego de 24 horas y retire el paquete que para entonces

Figura 57. Jaula para reinas tipo Benton

Figura 58.
Haga una pequeña perforación a través del candy con un clavo; esto ayuda a las obreras a liberar a la reina.

debe estar casi vacío de abejas vivas. Puede recargarlo contra la colmena por otras 24 horas para permitir que las abejas restantes entren a ésta (Fig. 61). Aún en éste corto lapso de tiempo verá la construcción de panal nuevo, incluso algo de panal irregular alrededor de la jaula de la reina el cual debe quitarse (Fig. 62). Verifique si la reina ha sido liberada de la jaula. Si es así, quizá la encuentre caminando lentamente en alguno de los panales centrales. Si no, reintroduzca la jaula y los panales que sacó un día antes y cierre la colmena. Si después de tres días las abejas no la han liberado, hágalo usted. Cuando yo lo hago, saco la jaula de la reina de la colmena y cierro ésta última, luego quito el corcho del extremo de la jaula que no tiene candy y deslizo la jaula por el interior de la piquera hasta la mitad de la colmena. Es importante mantener el orificio de salida cerrado con un dedo hasta que la jaula sea introducida por la piquera. De esta manera la reina, que puede querer volar, correrá directamente al interior de la colmena en vez de irse volando (Fig. 63).

Espere al menos 48 horas después de liberar a la reina antes de revisar la colonia otra vez. Para entonces encontrará más panal construido y celdas llenas con jarabe, néctar, o polen. También algo muy importante será encontrar cientos de celdas con huevos (Fig. 4a), lo cual es una señal de que la reina ha sido aceptada por las obreras y de que ha empezado a producir la siguiente generación de abejas. En ésta etapa ya no hay nada que se pueda hacer, excepto asegurarse que el alimentador de jarabe nunca esté vacío. Las abejas continuarán tomando jarabe hasta que el néctar natural comience a fluir, que es cuando ya se puede suspender la alimentación artificial.

Si no encuentra huevos, quiere decir que la reina ha muerto o no ha funcionado. Éste es un problema grave que requiere acción inmediata. Llame a su proveedor y pida otra reina sin demora. Introdúzcala de la misma manera que se describe arriba.

Figura 59. Sujete la jaula de la reina entre dos bastidores centrales.

Revisión a las tres semanas

Tres semanas después de la liberación de la reina ocurre un evento importante en la vida de la nueva colonia. Si todo va bien, este día emergen las primeras obreras, lo que representa el primer incremento en población después de tres semanas de decremento. Cuando inspeccione la colonia

Figura 60 (izquierda). Ponga el paquete abierto en el espacio que ocupaban los bastidores que sacó. Figura 61 (derecha). Saque el paquete 24 horas después y recárguelo sobre la colmena para que las abejas que quedan en su interior puedan salir.

Figura 62. Las abejas construyen panales nuevos de cera blanca en 24 horas, algunos de ellos alrededor de la jaula de la reina, que debe quitarse.

Figura 63. La reina puede ser liberada manualmente quitando el corcho al otro extremo del candy y deslizando la jaula por la piquera hasta la mitad de la colmena. Tenga cuidado de que la reina no vuele antes de meter la jaula.

deberá encontrar varios panales con cría operculada, la cual tiene la apariencia de cartón color café (Fig. 64). Posiblemente encontrará abejas emergiendo de sus celdas. Si esto es lo que observa, cierre la colmena y continúe alimentando con jarabe de azúcar hasta que haya néctar natural disponible y las abejas pierdan interés en el jarabe. Si hay poca cría y el patrón de ésta es irregular (Fig. 65), quiere decir que la reina no pone bien y hay que reemplazarla. Ver el **Capítulo 5**, **Cambio de reina**.

Una buena reina tiende a poner huevos en medio de los panales centrales y expande su postura hacia los lados conforme pasa el tiempo. Por eso, la cría más vieja estará al centro y es ahí donde las abejas jóvenes emergen primero; después, abejas nodrizas limpian las celdas y la reina vuelve a poner huevos en ellas otra vez. Esto es lo que se llama "ciclo" de cría, en el que la reina pone huevos en las celdas vacías conforme emergen nuevas obreras.

Con una buena reina, suficiente alimentación y buen flujo de néctar, la colonia se desarrollará rápidamente. Una vez que se hayan producido

Figura 64. Un buen panal con cría operculada de obrera es de color café claro, con opérculos planos y con patrón sólido.

suficientes abejas como para cubrir de 6 a 7 panales, habrá que darles más espacio. Si opta por el sistema de una cámara de cría (ver en el **Capítulo 3, Cubos de cámara de cría**), éste es el momento de poner un excluidor de reinas y una alza. Si decide utilizar dos cámaras de cría, éste es el momento de poner la segunda cámara sin usar el excluidor.

Introducción de enjambres

Los paquetes de abejas no son otra cosa que un tipo de enjambres artificiales. Por eso, los pasos para introducir un enjambre natural de abejas difieren poco de los manejos que describo arriba para los paquetes.

La principal diferencia radica en que hay que retirar el enjambre del sitio donde se encuentre. La seguridad personal es la regla en este caso. Si el enjambre se encuentra en un lugar fácil de alcanzar con seguridad, entonces el trabajo se facilita (Fig. 13). Pero si el enjambre se encuentra en un lugar alto o inaccesible, el riesgo de accidentarse sobrepasa el valor de las abejas.

Si cree que el enjambre puede atraparse sin riesgos, el equipo requerido no es más que el de protección y una cubeta de plástico de 20 litros con una tapa de malla que cierre herméticamente. Dependiendo del lugar donde se haya posado el enjambre, puede que también necesite una escalera, una botella para asperjar agua, un cepillo para abejas y unas tijeras podadoras.

La captura mas simple de un enjambre posado en la rama de un árbol, es introduciéndolo dentro de la cubeta para después sacudir la rama fuertemente, a fin de que las abejas caigan dentro del recipiente. Cierre la cubeta con la tapa y estará listo para irse a casa. En algunas ocasiones la ubicación del enjambre permite cortar la rama por encima del racimo de abejas, tomándola por el extremo cortado para transportar al enjambre (Fig. 66). Los enjambres

Figura 65. Las reinas defectuosas ponen huevos de manera irregular por lo que el patrón se ve salteado, con cría de diferentes edades de una celda a otra o con celdas vacías intermedias.

mas difíciles de capturar no son los que cuelgan formando una bola, sino aquellos que se dispersan sobre una superficie, en forma de pared. En estos casos, la opción más aconsejable es rociar agua sobre las abejas para luego barrerlas con el cepillo al interior de la cubeta.

En muchas ocasiones se puede llevar una colmena vacía a donde está el enjambre. Si puede poner la piquera de la colmena frente al enjambre, tocando a las abejas, es muy probable que éstas entren a la colmena al cabo de algunos minutos.

Una vez que las abejas se encuentran dentro de la cubeta es muy fácil instalarlas. Prepare una colmena vacía con anticipación, que tenga alimentadores con jarabe y sacuda a las abejas en el suelo frente a la colmena. Lo que verá a continuación es una de las cosas más fascinantes de la apicultura: miles de abejas que entran inmediata y determinadamente a su nuevo hogar en estampida, abejas trepando por el pasto y derramándose dentro de la colmena, atraídas por el olor de los panales y por las feromonas de orientación liberadas por sus hermanas y por la reina (Fig. 66b). Se espera que la reina se encuentre dentro de este grupo. En muchas ocasiones no es necesario ni posible encontrarla en esta multitud, pero su presencia es vital para el éxito del proyecto.

Dos días después de haber instalado el enjambre, se puede inspeccionar la nueva colonia. Lo más importante es asegurarse de que haya una reina funcionando. Busque huevos en las celdas al centro de los panales y busque miel y polen en sus orillas. A partir de éste momento, el manejo es el mismo que se le da a una colonia de paquete.

Vale la pena mencionar algo más. Si hay abejas africanizadas en su región, la captura de enjambres puede no ser aconsejable. Éstas abejas enjambran frecuentemente para dispersarse. Un enjambre de abejas africanizadas tiende a ser dócil y es indistinguible de los de sus parientes de abejas europeas, pero empiezan a mostrar su elevado comportamiento defensivo poco después de establecer su nido. Por eso un enjambre que es dócil el día de la captura, puede ser muy defensivo en su siguiente visita.

Instalación de colonias a partir de núcleos

Ésta es una de las mejores maneras de empezar. El nombre "núcleo" implica una colonia joven que se desarrollará con rapidez a su tamaño máximo. Se deben comprar panales completos con cría y abejas de algún apicultor. El comprador lleva consigo su equipo vacío al apiario del vendedor y éste introduce los panales en la colmena. Lo usual son cuatro

Figura 66a. A veces es posible transportar el enjambre a la colmena en la misma rama donde se posó.

Figura 66b. Simplemente sacuda el enjambre enfrente de la colmena y las abejas entrarán a ésta.

o cinco panales y el resto del espacio del cubo es rellenado con panales vacíos o con cera estampada (Fig. 67). Hay que introducir una nueva reina, restringida dentro de una jaula (comprada con anterioridad o provista por el vendedor), la cual es insertada al centro de los panales, para luego cerrar la nueva colonia y poner malla-criba en la piquera, antes de que el comprador pueda transportarla a su apiario. Alimente a la colonia y verifique la liberación de la reina como se describe en este capítulo, en **Instalación de paquetes de abejas**.

La principal ventaja de los núcleos es su rápido desarrollo. El crecimiento de la colonia no se interrumpe debido a que los panales contienen alimento y cría de todas las edades. Con una buena reina y buenas condiciones para el pecoreo, puede ser que los núcleos alcancen su máxima población de abejas en la primera temporada. Al proveedor le conviene vender núcleos porque así reduce la fuerza de colonias muy pobladas que

Figura 67. Hacer núcleos, o divisiones, es una de las mejores formas de aumentar el número de colmenas. Tome 4-5 panales de abejas y cría de una colmena fuerte (derecha) y póngalos en un cubo vacío con una reina enjaulada (izquierda).

La Iniciación

podrían enjambrar (vea en el **Capítulo 5, Manejo de la enjambrazón**). Las desventajas de los núcleos son la dificultad de transportarlos y los riesgos de transmisión de plagas y enfermedades.

Compra de colonias establecidas

Esta es la forma mas simple y directa de empezar. La mejor temporada para encontrar colonias establecidas en venta es durante el otoño. Busque anuncios de venta de colmenas en revistas apícolas y en folletos de clubes locales de apicultores.

Si usted no sabe mucho de abejas, le conviene que un apicultor experimentado lo acompañe a inspeccionar las colonias. Las condiciones en que se encuentre el equipo son un buen indicador del cuidado y atención que se le ha dado a las colonias. La madera debe estar pintada y con pocas grietas y enlaces podridos. Las colmenas deben tener una apariencia estándar; con una o dos cámaras de cría y posiblemente con una o más alzas encima. Si encuentra colmenas de diferentes tamaños o con alzas sobre el piso, o con cámaras usadas en vez de alzas, quiere decir que las colonias no han recibido un buen manejo o que no saben manejarlas. Si hace calor, debe haber abejas volando y debe observarse actividad en la piquera. Es necesario abrir la colmena para valorar su salud y fortaleza. La colonia debe estar bien poblada. Las abejas deben salir entre los bastidores y cubrir sus cabezales (Fig. 68). No deben percibirse olores putrefactos, pero cuando se inspecciona en el otoño, hay que saber que los olores de las colmenas en esa temporada pueden ser picantes y pungentes. Si hace frío,

Figura 68a. En una colonia bien poblada las abejas salen de inmediato y cubren los cabezales de los bastidores.

Figura 68b. En una colonia débil las abejas salen con menor rapidez y solo cubren algunos bastidores.

el racimo de abejas dentro de la colmena debe ser al menos del tamaño de una pelota de básquetbol (Fig. 69). Las colonias deben tener reina y a menos que sea el final del otoño o el invierno, debe haber algo de cría. Las colmenas deben estar pesadas por contener mucha miel, polen o jarabe. El rango de peso promedio de una colmena en la mayor parte del país es de 75 a 150 libras.

Las colmenas se transportan mas fácilmente a bajas temperaturas, porque las abejas están frías y pegajosas y hay poco riesgo de sofocarlas durante el transporte. Para mover colmenas se necesitan al menos dos personas. Sujete cada cubo al cubo inferior o al piso con bandas de tensión o con grapas. Fije las tapas con bandas de tensión o con cinta canela. Cierre las piqueras con malla-criba. Al menos dos gentes son necesarias para cargar y poner con seguridad una colmena sobre la cama de un camión o remolque. Ate las colmenas al camión y transpórtelas a su nuevo apiario. Vea en éste capítulo, **Lugares para apiarios**.

La principal ventaja de empezar con colonias establecidas es que ya tienen capacidad productiva. Sin embargo, existe el riesgo de adquirir enfermedades y equipo viejo o mal construido. Además, ésta rápida forma de empezar no permite el involucramiento personal que un principiante disfruta al construir su propio equipo y al instalar sus propias abejas.

Figura 69. Racimo de invierno fuerte. Note lo apretado de sus orillas.

Capítulo 5
Manejos para la Producción de Miel y para la Polinización

Abeja amiga, quédate aquí,
No te vayas de este sitio,
Te doy la casa y el lugar,
Aunque tienes que traerme miel y cera.

Bessler, *Geschichte der Bienenzucht*

La época para realizar las tareas descritas en éste capítulo depende de la región particular del país en la que usted viva. Platique con apicultores de la localidad para saber cuando esperar el flujo principal de néctar en su área y programe sus actividades de acuerdo a éste.

Principio de la temporada

Como mencioné anteriormente, el periodo de mayor riesgo de mortalidad de colonias por hambre, es entre el final del invierno y el principio de la primavera. En esta época el apicultor debe observar sus colonias cuidadosamente y proveerlas con carbohidratos (jarabe de azúcar) y proteína (suplemento de polen) de acuerdo a las necesidades de las colonias. Si una colmena no pesa mucho (menos de 75 libras) al ser levantada por su parte trasera, puede concluirse que necesita ser alimentada. Usted puede utilizar cualquiera de los alimentadores tradicionales (ver en el **Capítulo 3**, **Alimentadores**) para proveer a las abejas con un jarabe no más delgado que una parte de azúcar por una parte de agua. No sea conservador; si una colonia debe alimentarse, hay que darle galones de jarabe y no litros. Además, prepare cualquier suplemento comercial de polen que encuentre disponible. A la mezcla seca del suplemento se le agrega jarabe de azúcar hasta que tenga la consistencia de una pasta del tamaño de una hamburguesa, la cual se coloca sobre papel encerado, para luego ponerla sobre los cabezales de los bastidores de la cámara de cría (Fig. 70).

Figura 70. Pasta de suplemento proteico. En este caso, polen colectado por las abejas.

Alimente a las colonias hasta que alcancen el peso deseado o hasta que haya flora disponible. Usted se dará cuenta de cuando ya hay entrada de néctar si las abejas pierden interés en el jarabe. La alimentación artificial no solo mantendrá a la colonia en estos momentos difíciles, sino que también estimulará el desarrollo de la población con anticipación a la temporada de producción de miel.

Cambio de reina

Un concepto al que se alude constantemente en este libro es el valor que tienen las colonias fuertes. Éste concepto se aborda en particular con mayor énfasis en la siguiente sección, **Manejo de la enjambrazón**, pero ésta sección también permite hablar sobre una de las tareas que más contribuye a lograr esa meta – el cambio de reinas de pobre desempeño.

Para empezar, un apicultor debe habituarse a la idea de reemplazar a la reina al primer indicio de problemas. Los efectos de la reina en la colonia son tan profundos e inmediatos que su suerte literalmente mejora o disminuye con la de su reina. Una buena reina no solo debe tener buena genética, sino que también debe desempeñarse bien en la postura de huevos, produciendo cría con un patrón sólido y continuo, panal tras panal (Fig. 64). Una reina de tales características produce una colonia densamente poblada; al abrir una colonia deberían salir las suficientes abejas como para rápidamente cubrir los cabezales de los bastidores (Fig. 68a). La colonia tendría que pecorear vigorosamente. No debería mostrar síntomas de enfermedades; de hecho para muchas enfermedades la única solución práctica es el cambio de reina (ver el **Capítulo 8**). La colonia no debiera estar muy defensiva. Cualquier desviación de éste estándar justifica el reemplazo de la reina. El método para reemplazar una reina en una colonia establecida es ligeramente diferente al descrito en el **Capítulo 4** para la instalación de un paquete.

Primero deberá adquirir una nueva reina en su jaula. Inmediatamente antes de introducirla, hay que llevarla a un lugar cerrado y con buena luz (la cabina de una camión es perfecta), quitar el corcho del extremo de la jaula sin candy y sacar a todas las obreras acompañantes. Una forma de lograrlo, es soplando a las abejas para hacerlas moverse, cubriendo al mismo tiempo el orificio de la jaula con el pulgar para controlar quien sale y quien se queda. Algunos estudios han demostrado que las obreras acompañantes reducen la probabilidad de que una nueva reina sea aceptada. Vuelva a poner los corchos, incluyendo el que tapa al candy. Luego, localice y retire a la reina vieja, inserte la jaula con la reina nueva entre dos panales al centro del nido de cría y cierre la colmena. Regrese en 48 horas y observe el comportamiento de las obreras en el exterior de la jaula. Puede que vea un poco de "peloteo," es decir, una respuesta agresiva en la que las obreras se compactan como una masa sólida alrededor de la reina. En condiciones naturales el peloteo normalmente causa la muerte de la reina, pero una reina enjaulada está razonablemente bien protegida. En nuestro caso, un peloteo elevado o regular (Fig. 71a) es un signo de que las abejas

Figura 71a. Obreras peloteando a una reina enjaulada que se adhieren a la malla para morder a la reina con sus mandíbulas.

Figura 71b. Una respuesta no agresiva de las obreras hacia la reina se nota porque caminan sobre la malla de la jaula sin morder los alambres.

de la colmena no están listas para aceptar a la nueva arrivista. Vuelva a meter la jaula con la reina y déjela cerrada uno o dos días más. Durante estas inspecciones usted debe hacer una segunda cosa muy importante para mejorar la aceptación de la reina – la destrucción rutinaria de celdas reales naturales. Inmediatamente después de quitar a la reina vieja, las obreras de la colonia invariablemente empiezan a construir celdas de reemplazo en varias partes del nido de cría. Es importante que el apicultor las destruya, ya que estas celdas reducen las probabilidades de que la nueva reina sea aceptada. Posiblemente observará que el peloteo se vuelve casi nulo en cuestión de 3-4 días (Fig. 71b). Si es así, no hay razón para continuar retrasando la liberación de la reina. Bajo esta circunstancia, yo tomo la jaula, cierro la colmena y retiro el corcho del orificio del extremo de la jaula que no tiene candy y mantengo la salida tapada con un dedo, para evitar que la reina escape volando. Luego, deslizo la mitad de la jaula por la piquera, con el orificio de salida apuntando hacia el interior de la colmena para soltar a la reina (Fig. 63). Esta maniobra permite que la reina salga de la jaula y corra hacia el interior de la colmena en vez de irse volando. Finalmente, puede regresar después de unos minutos para verificar que la reina haya salido y para llevarse la jaula. Después de liberar a la reina, espere 48 horas antes de verificar si ya está poniendo huevos.

El proceso de cambio de reinas es muy difícil en colonias con obreras ponedoras (Fig. 4b) ya que las obreras en estas condiciones son proclives a rechazar continuamente a las reinas introducidas. Se siguen los mismos pasos de introducción previamente descritos, pero además, se recomienda poner junto a la jaula de la reina uno o dos panales con cría por emerger procedentes de otra colonia. La rápida provisión de obreras jóvenes puede ayudar a mejorar la aceptación de la reina.

Manejo de la enjambrazón

Los apicultores pensaban que la captura de enjambres era la mejor manera de crecer en número de colonias y de producir más miel, hasta que la investigación demostró lo contrario. Después de todo, si una colonia enjambraba y usted la capturaba, entonces tenía dos. A eso se debe el viejo dicho:

> Un enjambre de abejas en mayo vale una tonelada de paja.
> Un enjambre de abejas en junio vale una cuchara de plata.
> Un enjambre de abejas en julio no vale ni siquiera una mosca.

Ahora se sabe que la enjambrazón es el insulto más grande a la producción de miel, casi al grado de enfermedad o muerte. Éste conocimiento fue producto de la investigación que realizó en los años 40s C. L. Farrar, un científico del Departamento de Agricultura de los Estados Unidos, quien demostró que la eficiencia del pecoreo aumenta conforme la población de la colonia crece. Éste fundamento es la base del manejo moderno para producir miel, el cual básicamente tiene como objetivo producir colonias fuertemente pobladas. Dado que un enjambre primario le quita la mitad de su fuerza de trabajo a una colonia (ver en el **Capítulo 2**, *La primavera y el ciclo reproductivo*) y dado que la época de enjambrazón se presenta inmediatamente antes del mayor flujo de néctar del año, los dos fenómenos amenazan con arruinar la posibilidad de que el apicultor obtenga una cosecha decente de miel de esa colonia.

Debido a que evitar que la enjambrazón ocurra es tan importante, resulta crucial que los apicultores entiendan y manejen las condiciones que favorecen la enjambrazón. Antes que nada, el impulso de enjambrar se presenta cada primavera como parte natural del ciclo. Pero hay algunos factores predisponentes que el apicultor puede controlar, lo que significa una oportunidad para minimizar la salida de enjambres. Brevemente, éstos factores son la congestión de la colmena y la presencia de celdas reales.

El más importante de éstos factores es la congestión de la colmena. Hay evidencias de que una población fuerte de abejas restringida a un espacio limitado en la colmena estimula la producción de celdas reales e inicia el ciclo de enjambrazón. Por eso, una manera de inhibir la enjambrazón es aliviar la congestión en la colmena. El descongestionamiento de la colmena se puede lograr haciendo núcleos o divisiones, homogeneizando colonias, invirtiendo de posición las cámaras de cría y proporcionando alzas.

La producción de núcleos se describe en el **Capítulo 4, Instalación de colonias a partir de núcleos**. Así se producen colonias jóvenes que el apicultor puede vender o usar para aumentar su número de colmenas o para resarcirse de las pérdidas de invierno. (Inexplicablemente, en la apicultura se utiliza la palabra "núcleo" cuando se quiere vender una colonia o cuando ésta se aloja en cajas de 4 o 5 bastidores (Fig. 72). La palabra "divisiones"

Figura 72. Caja núcleo de 4 bastidores (al frente) preparada para recibir bastidores de cría y abejas de una colonia fuerte.

es mas comúnmente empleada cuando se pretende utilizar la nueva colonia para incrementos propios en primavera).

La homogeneización puede ser de dos tipos: homogeneización de cría y homogeneización de adultos. Para homogeneizar cría, simplemente tome 1-3 panales con cría (primero sacuda a las abejas) de una colonia fuerte y déselos a una débil. Reemplace los panales que tomó de la colonia fuerte con panales vacíos, acomodando los panales que hayan quedado con cría al centro de la cámara. Éste procedimiento proporciona más espacio para la postura de la reina y elimina la congestión de la colonia fuerte. También le da un necesario impulso a la colonia débil. Tenga cuidado de no darle a la colonia débil más cría de la que puede incubar. Para homogeneizar abejas adultas hay que cambiar de lugar las colmenas, un trabajo para dos gentes. Espere hasta mediados de una tarde cálida de primavera cuando las abejas vuelen vigorosamente y simplemente intercambie lugares entre una colonia fuerte y una débil, poniendo la colonia fuerte en el lugar de la débil y *viceversa*. Las abejas pecoreadoras regresarán al sitio de su colonia original, sin saber que usted las cambió; bajo condiciones de flujo intenso de néctar ocurre poca o ninguna pelea entre abejas de diferente nido. De esta manera, la colonia débil gana población a expensas de la fuerte: la más débil es reforzada y la fuerte disminuye el impulso de enjambrar. La homogeneización no se hace en una sola ocasión, sino que es un proceso rutinario durante las semanas previas al principal flujo de néctar en su área.

Si usted trabaja con dos cámaras de cría (ver en el **Capítulo 3**, **Cubos de cámara de cría**), hay un procedimiento que puede aprovechar, el cual se fundamenta en el hecho de que las abejas suben a la cámara superior durante los meses de invierno. En estos casos, hacia la época del final del invierno y principio de la primavera, la cámara superior está llena de abejas y cría, mientras que la inferior está básicamente vacía. En esta época del año las abejas no quieren bajar, lo que ocasiona que se congestione la parte superior del nido porque las abejas se arraciman y presionan hacia la tapa. El apicultor puede aliviar la congestión y reducir el impulso de enjambrazón simplemente "invirtiendo las cámaras." Cambie de posición las cámaras, poniendo la inferior arriba y la superior (con la mayor parte de las abejas y cría) abajo (Fig. 73). Esta maniobra alivia la congestión de inmediato, ya que las abejas perciben abundante espacio sobre ellas.

Otra forma de aliviar la congestión de la colmena, ya sea que se trabaje con una o dos cámaras, es agregando alzas. Simplemente ponga una o dos

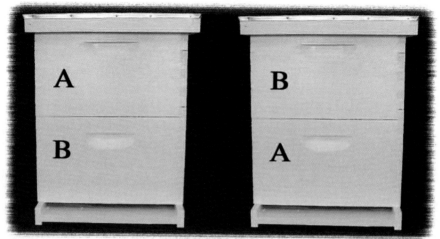

Figura 73. La enjambrazón puede prevenirse invirtiendo la posición de las cámaras de cría una o dos veces en la primavera. Si la mayoría de las abejas están en la cámara superior (A, izquierda), entonces coloque a A abajo y a B arriba (derecha).

alzas al inicio de la temporada de flujo de néctar. Usted reconocerá cuando es el momento de hacerlo por la presencia de cera blanca recién construida en los cubos (Fig. 74). Además, si sacude suavemente los panales, literalmente verá una lluvia de néctar inmaduro y ligero cayendo desde las celdas de éstos.

El segundo factor de corto plazo que estimula la enjambrazón, es la presencia de celdas reales. A veces un apicultor homogeneiza un apiario a su máximo potencial pero no tiene interés en hacer divisiones para aumentar su número de colmenas. En éste caso, el único recurso que le queda para inhibir la enjambrazón, además de dar alzas, es eliminar celdas reales. Esta técnica es efectiva pero laboriosa. Cada colonia debe inspeccionarse rutinariamente cada diez días, para examinar todos los panales que contengan cría y quitar las celdas reales que se encuentren. Los panales deben examinarse con mucho detenimiento, ya que hay celdas difíciles de detectar por ser muy pequeñas y por encontrase en las esquinas y basta con que quede una sola de ellas para que la colonia enjambre.

A estas alturas ya debe ser obvio que el manejo de primavera es una actividad de delicado equilibrio para el apicultor. Por un lado, el apicultor debe estimular el desarrollo de las colonias para contar con grandes poblaciones de pecoreadoras. Pero por el otro, debe disminuir estratégicamente la fuerza de las colonias congestionadas, ya que de no hacerlo, estas pueden enjambrar. La diferencia entre una reducción controlada de la población y la enjambrazón natural, es que la colonia que enjambra pierde hasta el 60% de su fuerza de pecoreo y continúa perdiendo población hasta que una nueva reina emerge, madura, se aparea y empieza a poner huevos. La homogeneización controlada por el apicultor hace que las colonias donadoras pierdan unas pocas abejas, pero al mismo tiempo su reina mantiene un alto nivel de postura. Éste manejo de equilibrio reside donde la ciencia termina y el arte comienza y como cualquier arte no se domina de la noche a la mañana.

Colocación de alzas para el flujo de néctar

Llega el momento en que el néctar fluye abundantemente y ya no resulta práctico quitar las alzas para realizar medidas de prevención de enjambrazón en las cámaras de cría. Éste es el clímax de la época de

Figura 74. Un flujo de néctar se reconoce por la presencia de panales de cera blanca recién construida llenos de miel inmadura.

producción de miel y el momento en el que se presenta varía de acuerdo con el ciclo de la flora de una región en particular. En éste momento se suspende el control de la enjambrazón para proporcionar alzas a las colmenas para la producción de miel.

Proporcionar alzas a las colmenas es aconsejable. Hay dos fundamentos para "dar alzas" para cosechar miel: (1) el olor de panales vacíos estimula el pecoreo y (2) la disminución de la densidad en la colmena baja la eficiencia de almacenamiento de néctar. En la práctica, el principio # 1 se logra poniendo muchas alzas y el principio # 2 se logra amontonando abejas. A primera vista estos fundamentos parecen ser antagónicos, pero como veremos hay una manera de aprovecharlos a ambos.

El camino para reconciliar estos fundamentos es que: el apicultor proporcione alzas con libertad al principio de la temporada y restrinja su número al final de ésta. Digamos que es el inicio de primavera y hay muchas flores. Al abrir la colmena usted observa muchas abejas entre los panales y quizá una cantidad considerable de cera blanca y nueva. Si éste es el caso, es aconsejable dar una o dos alzas para aprovechar los beneficios del efecto estimulante de los panales vacíos. Si por otro lado, estamos al final de la temporada, conviene amontonar a las abejas. No debe dar alzas e incluso deberá quitar las que las abejas no hayan trabajado. El amontonamiento fuerza a las abejas a trabajar las esquinas de los panales, lo que permite cosechar alzas llenas de miel. En la práctica, lo típico para la mayor parte de los EU es el uso de 3-6 alzas por colmena durante el flujo de néctar, pero yo he usado hasta nueve de ellas en una buena temporada.

Los apicultores debaten sobre si es mejor poner alzas arriba o abajo. Para poner alzas arriba, simplemente se agregan alzas sobre las que ya existen. Poner alzas abajo implica quitar las alzas existentes en la colmena, que están parcialmente llenas, para poner la nueva alza inmediatamente sobre la cámara de cría y luego poner las alzas parcialmente llenas encima de la nueva alza. La idea de poner alzas abajo se basa en tener panales vacíos cerca de la piquera para estimular a las abejas a llenarlos más rápidamente con miel. Éste método tiene méritos para producir miel en panal (ver en el **Capítulo 6, Procesado de la miel**, *Miel en panal*), pero la investigación ha mostrado que no aumenta en forma significativa la cosecha de miel. Yo recomiendo que los apicultores se ahorren el trabajo adicional y simplemente pongan alzas arriba.

Otras consideraciones para la producción de miel

El principal objetivo del manejo de primavera y verano es procurar desarrollar colonias de abejas fuertemente pobladas a tiempo para el principal flujo de néctar. El control de la enjambrazón es crucial, pero hay otras acciones que también contribuyen a lograr la meta.

El apicultor encontrará que conforme inspecciona sus colmenas, algunas estarán más fuertes que otras. Siempre conviene preguntarse *porqué* una colonia en particular se encuentra débil. ¿Acaso la reina no es buena? Si es así, debe ser reemplazada. ¿Hay alguna enfermedad? Si la hay, debe ser tratada (ver el **Capítulo 8**). ¿No hay miel o polen en los panales? De ser así, la colonia tiene hambre y necesita jarabe de azúcar y suplemento de polen. ¿Hay una pérdida inexplicable de pecoreadoras? Si este es el caso, podría deberse a la aplicación de insecticidas en el área. ¿Los panales de cría están negros y pesados debido a su edad? De ser así, deben cambiarse ya que la investigación ha demostrado que los panales viejos restringen el crecimiento de la colonia. ¿Las colonias están bajo la sombra o expuestas a corrientes de vientos? Si así están, deben ponerse en un lugar soleado y provisto de una barrera rompe-vientos. El trabajo del productor de miel consiste en determinar las condiciones de las colonias, prevenir la enjambrazón, mantener la salud de las abejas, resolver problemas y dar alzas cuando se requieran. De eso se trata la apicultura.

Cuando se trabaja con abejas africanizadas

Ésta es una sección apropiada para hablar de las diferencias en las técnicas de manejo cuando se trabaja con abejas africanizadas. El apicultor debe estar siempre preparado para lidiar con reacciones defensivas feroces e impredecibles de las abejas. Afortunadamente, las abejas africanizadas pueden ser razonablemente manejadas si las condiciones son las adecuadas y el apicultor es experimentado.

Antes que nada, lo más importante es contar con buenos sitios para ubicar los apiarios. Hay que tomar en cuenta todas las condiciones mencionadas en el **Capítulo 4**, **Lugares para apiarios**, pero enfatizando el aislamiento del apiario. Es crucial que los apiarios de abejas africanizadas se establezcan lejos de corrales de animales y del tráfico humano.

La experiencia en América Latina ha enseñado a los apicultores el valor que tiene utilizar bases individuales para las colmenas. Contrario a esto es el uso de rieles o plataformas (Fig. 75) diseñados para sostener muchas

Figura 75. Los apicultores comerciales ponen varias colmenas sobre una plataforma. Esto permite el manejo mecanizado.

colmenas. El problema de tener muchas colmenas en una sola plataforma es que con abejas africanizadas la vibración causada al trabajar una colmena, alarma a las abejas de las otras, lo que desencadena una respuesta defensiva de todo el apiario. Las bases individuales (Fig. 76) minimizan éste problema.

Vestirse adecuadamente es importante. Los apicultores en Brasil usan velos con malla blanca al frente en vez de negra (Fig. 77). Bajo las peores condiciones defensivas es posible que las abejas más agitadas se amontonen sobre la malla negra del velo convencional, lo que dificulta la visibilidad del apicultor. El simple cambio a una malla blanca elimina el problema.

El humo es un elemento muy importante en el manejo de éstas abejas – específicamente, aplicado constantemente y en grandes cantidades. El ahumador extra largo de diseño brasileño ya está disponible en los EU (Fig. 78). La primera cosa que debe hacerse al entrar a un apiario africanizado, es ahumar la piquera de todas las colmenas antes de empezar

Figura 76. Las bases individuales, como éstas en Honduras, disminuyen la respuesta defensiva de las abejas africanizadas cuando un apicultor trabaja en un apiario.

a trabajar con una en particular. Esto previene una reacción defensiva temprana. Mientras se trabajan las colonias, algunas requieren de ser ahumadas incesantemente. El manejo precavido y cuidadoso es también importante. A pesar de todas estas precauciones, puede suceder que una colonia alcance un estado incontrolable de agresividad. En tal situación, lo único que puede hacerse es cerrar la colmena, salir del apiario y regresar otro día.

No todo lo relativo a las abejas africanizadas es malo para la apicultura. Son más resistentes a plagas y enfermedades que las abejas europeas. Y debido a que no toleran el grado de manipulación que se da a las abejas europeas, su manejo es por necesidad mas simple. Mucho de su manejo tiene que ver con alimentación de estimulo al inicio de la temporada, seguido de abundante provisión de alzas. Bajo buenas condiciones de flujo de néctar su productividad alcanza o excede la de las abejas europeas.

Figura 77. Los velos con malla blanca disminuyen la respuesta defensiva de las abejas africanizadas.

Figura 78. Ahumador brasileño (izquierda) comparado con un modelo americano convencional (derecha)

Plantas melíferas

Debido a que las abejas y las flores están estrechamente relacionadas, es natural que los apicultores tengan un interés más que casual en las plantas disponibles que producen miel. El color, textura, sabor y propiedades de cristalización de la miel que sus abejas producen son fundamentalmente el producto de la variedad específica de flores de su región. Las características de la miel que son particulares de su localidad representan uno de los argumentos más valiosos para promover su venta.

Aunque las abejas producen miel de una gran variedad de plantas que florean, solo unas cuantas constituyen las fuentes más importantes de néctar que proveen los componentes florales de la miel de los EU. Estas importantes plantas melíferas tienden a ser regionales, por lo que aquí voy a mencionar solo algunas de ellas.

Algunos de los flujos de néctar tempraneros contribuyen poco a la cosecha de miel pero son valiosos para hacer crecer a las colonias después del invierno. Entre estos están el del diente de león común (Fig. 79) y en el sur del país, el del maple rojo (Fig. 80). Los arbustos de gallberry y understory (Fig. 81) son una fuente importante de miel en la planicie de la costa que va desde el sureste de Texas hasta Virginia. La miel de floración de naranja de las regiones de la Florida y partes del suroeste es una de las favoritas del público (Fig. 82). Los tréboles – amarillo dulce (Fig. 83), blanco dulce y holandés (Fig. 84) – representan en conjunto la principal fuente de miel en los Estados Unidos. Crecen a todo lo largo de gran parte de las latitudes norteñas del país, pero sobre todo en la parte alta del medio oeste, donde miles de colmenas, transportadas en camiones por apicultores migratorios, son establecidas. El frijol soya (Fig. 85) produce un importante flujo adicional

Figura 79. Diente de león

Figura 80. Maple rojo

Figura 81. Gallberry

Figura 82. Naranja

Figura 83. Trébol amarillo dulce

Figura 84. Trébol holandés

Figura 85. Frijol soya

Figura 86. Zarzamora

de néctar, sobre todo en el medio oeste y en el sur central. Curiosamente no produce miel en el sureste. Algunos arbustos, principalmente la zarzamora, producen una cantidad significativa de miel por todo el país (Fig. 86). El álamo produce una miel oscura de sabor pronunciado en gran parte del este (Fig. 87). La hierba de fuego es una especialidad regional del noroeste de la zona del pacífico y de Alaska (Fig. 88) y la madera amarga se distingue regionalmente al sur de los montes apalaches (Fig. 89). Cerrando con ésta

Figura 87. Álamo

Figura 88. Hierba de fuego

breve lista está la vara de oro (Fig. 90), que florea durante el otoño y que es muy conocida por su miel oscura y de fuerte sabor, por lo que pocas veces llega a la mesa, pero que es importante como una fuente de reservas de alimento para el invierno.

Al analizar ésta lista se advierte que la miel de los EU proviene de una abundante cantidad de plantas silvestres y cultivadas. Dependiendo de su flora local específica, su miel será uni-floral o multi-floral. Esto dependerá de la abundancia relativa de una fuente de néctar determinada. Debido a que las abejas mejoran su eficiencia de pecoreo al preferir las mejores fuentes energéticas, tienden a concentrar sus esfuerzos casi exclusivamente en una especie de planta si sus recursos son suficientemente nutritivos y abundantes. Si éste rico flujo de néctar es permanente, ya sea silvestre o cultivado, producirá una miel uni-floral con un alto grado de

Figura 89. Madera amarga

Figura 90. Vara de oro

consistencia en su color y sabor año tras año. En contraposición, si hay muchas fuentes de néctar similarmente atractivas para las abejas, la miel producida será multi-floral y variará más en sus características sensoriales entre años distintos.

La producción de miel con apicultura migratoria se basa en el hecho de que las plantas productoras de néctar florean en distintas épocas del año. El apicultor puede mover sus abejas para prolongar la temporada de producción de miel y para aumentar su cosecha. Por ejemplo en mi estado, Georgia, un apicultor puede llevar a sus abejas a Florida en marzo para la floración de naranja, al sur de Georgia en abril para aprovechar el gallberry, al norte de Georgia en junio a zonas de madera amarga y de regreso al sur de Georgia en junio a campos de algodón. Tal movilización implica mucho trabajo que tampoco es fácil para las abejas, pero representa una estrategia para obtener el máximo de ingresos.

Finalmente, cabe mencionar que se puede plantar flora apícola. Pero a menos que usted tenga mucho terreno a su disposición, probablemente plantar flora no va a influir mucho en su cosecha de miel. El área de pecoreo de una colonia de abejas se mide en millas cuadradas y dentro de ella las abejas encontrarán y pecorearán la más rica de las fuentes disponibles de néctar. Es difícil plantar suficiente flora de cualquier especie como para aumentar significativamente la cosecha de miel en una propiedad de unos cuantos acres. Sin embargo, mucha gente disfruta sembrar plantas apícolas cerca de su casa para ver a las abejas trabajando. Algunas plantas ornamentales que entran en esta categoría incluyen el siempre verde, la flor de cono púrpura, el mirto, varias salvias y el girasol. Hay muchos sitios en el internet que anuncian plantas para atraer abejas a los jardines.

Polinización

Gran parte del manejo que se describe en este capítulo sobre como fortalecer colonias de abejas para producir miel se puede aplicar también para colonias destinadas a la polinización de cultivos. Es importante que las colonias que se usen para polinizar cultivos tengan reina y tengan una población con cierta fortaleza. Se requiere contar con una gran cantidad de pecoreadoras estimuladas a visitar las plantas para colectar polen. El estándar general mínimo para la mayoría de los cultivos es de seis bastidores de cría cubiertos con abejas. La investigación ha mostrado que las pecoreadoras de proteína (polen) transfieren polen de una flor a otra de manera más efectiva. Por eso, los factores clave son la presencia de cría y una reina que ponga vigorosamente. Por supuesto que ambos factores están interconectados pero hay efectos sinérgicos, en los que ambos se combinan para alcanzar el máximo pecoreo de polen. En primer lugar, la reina produce cría que posteriormente se convertirá en pecoreadoras y sus propias feromonas tienen un efecto estimulante en el pecoreo de las obreras. En segundo lugar, la cría genera una demanda de proteína debido a que las obreras nodrizas la necesitan para producir alimento para la cría. Finalmente, la investigación ha enseñado que la cría también produce feromonas que estimulan el pecoreo de polen.

Lo anterior significa que un apicultor dedicado a la polinización está menos incentivado a desarrollar colonias con poblaciones máximas como ocurre para el caso de la producción de miel. Es preferible que las colonias para polinización estén en crecimiento y con un alto índice de cría por abeja. Esto también tiene una conveniencia práctica para el apicultor, ya que la polinización de cultivos implica transportar colmenas y es más fácil mover colmenas de una sola cámara (o cuando mucho de una cámara y una alza) que mover colmenas con muchas alzas para la producción de miel.

La densidad deseable para la mayoría de los cultivos es de una colmena por acre; sin embargo por razones explicadas en el Capítulo 1, **El lugar de las abejas melíferas en el mundo**, ésta densidad es obsoleta, por lo que debería ser ajustada hacia arriba. El agricultor debe tener en cuenta que el radio de pecoreo de una colonia es amplio – de varias millas cuadradas – y que se deben tomar medidas para aumentar la probabilidad de que las abejas pecoreen en su cultivo y no en otras plantas a millas de distancia. Una forma de lograrlo es simplemente aumentando la densidad de colmenas por acre. Cuando las colonias se encuentran en un estado de competencia se ven forzadas a pecorear con mayor intensidad dentro de su radio de pecoreo para obtener el polen que necesitan. Una segunda estrategia es retrasar la llegada de las colmenas hasta que el cultivo haya alcanzado un 10% de su floración. Cuando las abejas descubren la nueva fuente floral cerca de sus colmenas, se concentran en ella, al menos por uno o dos días, hasta que otras abejas exploradoras descubren mejores fuentes florales en las cercanías. Para algunos cultivos de polinización tempranera como la manzana, solo se necesitan unos cuantos días de pecoreo de las abejas para producir una cosecha comercial.

Es aconsejable que el apicultor estudie el mercado de la polinización en su región para negociar un precio que sea justo y sostenible. La movilización frecuente de colmenas para polinización invariablemente significa que las colonias sufrirán tanto en su condición como en su capacidad de producir miel. Estos costos deben considerarse cuando se determinen cuotas para la renta de colmenas destinadas a la polinización. Finalmente, es extremadamente deseable que los apicultores y los agricultores firmen acuerdos de polinización bajo la mutua protección de un contrato legal. Existen machotes de contratos estándar disponibles en oficinas de extensión o provinciales.

Capítulo 6

Productos de la Colmena

Miel nacida del aire, regalo del cielo, ahora yo
Continúo la historia.

Virgilio, Los Georgianos, IV

La colmena representa una bonanza de productos que se usan como alimentos, artesanías, cosméticos, arte y remedios populares. También constituye un inventario para la gente que sabe de comercio y es una forma de hacer negocio de la necesidad y demanda del consumidor por productos naturales. Agréguele a esto el atractivo que se busca de un producto local y un apicultor emprendedor tiene todos los elementos necesarios para desarrollar un exitoso negocio casero. Para los que tienen menor inclinación comercial, la apicultura es una actividad práctica que permite hacer regalos a los amigos y a la familia. Solo imagine las posibilidades de lo que puede hacer en navidad con frascos de una libra de miel teniendo una colmena que produce 100 libras al año.

El procesado de la miel
Humedad de la miel
  La miel es el principal producto de la colmena, ya sea en su forma líquida o en panal. Una de las preocupaciones más críticas sobre la miel es

evitar su fermentación, la cual ocurre cuando es cosechada antes de estar "madura," esto es, antes de que las abejas hayan extraído la suficiente cantidad de agua del néctar para prevenir el crecimiento de levaduras que la echen a perder. Se considera que la miel está a salvo de fermentar una vez que ha sido deshidratada y tiene 18.6% de agua o menos. En el campo, se sabe que esto corresponde al grado en que las abejas han operculado con cera los panales con miel; más o menos dos tercios de los panales deben estar operculados como límite mínimo antes de cosecharlos. Pero esto no es confiable. Las regiones secas no requieren el límite de los dos tercios, simplemente porque la temporada de miel puede terminar rápido y las abejas no tienen más néctar para producir cera. Por otro lado, las condiciones de humedad, pueden ocasionar que la miel fermente aún en celdas bien operculadas. Los apicultores de su región le pueden comentar sobre el riesgo de fermentación de la miel. Hoy día se pueden comprar refractómetros baratos para medir la humedad de la miel en el campo y así salir de dudas. Finalmente, los niveles de humedad límite pueden remediarse deshidratando la miel luego de cosecharla, lo cual se describe mas adelante.

Cosecha de la miel

Antes de transportar alzas a la sala de extracción para procesarlas, hay que quitarles las abejas. El método que yo prefiero es el uso combinado de una tapa de cosecha y un repelente químico (Fig. 91a). La tapa de cosecha se parece al techo externo de la colmena, pero tiene una tela absorbente en su superficie interna, la cual sirve para retener el repelente. Lleve a cabo la cosecha durante un día soleado, quitando la tapa de la colmena para exponer la primera alza. Rocíe de manera uniforme aproximadamente una cucharada sopera de repelente sobre la superficie interna de la tapa de cosecha y póngala inmediatamente encima de la alza abierta (Fig. 91b). El sistema trabaja mejor cuando los rayos del sol caen directamente sobre la tapa de cosecha. La alza estará casi libre de abejas en cuestión de 3-4 minutos, conforme los insectos bajan a consecuencia del efecto de los vapores del repelente. Quite la primera alza y vuelva a poner la tapa sobre la siguiente, para ir cosechando una alza a la vez. Después de retiradas de las colmenas, las alzas deben cerrarse cuidadosamente con tapas y pisos para evitar la entrada de abejas pilladoras. Las tapas de cosecha son una forma práctica y eficiente de cosechar miel aún para apicultores comerciales. Se pueden utilizar cuatro o cinco tapas de cosecha simultáneamente para mantener totalmente ocupada a una persona.

Figura 91a. El uso combinado de una tapa de cosecha y un repelente químico se emplea para cosechar la miel de manera rápida y eficiente. El repelente se rocía sobre la tela interior de la tapa.

Figura 91b. La tapa de cosecha se pone sobre la alza superior. Si el día está soleado, solo se requieren alrededor de 3-4 minutos para sacar a las abejas de las alzas.

Deshidratación poscosecha

Hay casos en los que un apicultor prefiere ser él quien reduzca el exceso de humedad de la miel en lugar de dejar que lo hagan las abejas. El mejor ejemplo de un lugar en el que se realiza ésta operación es en las praderas de Canadá, donde el flujo de néctar es intenso pero breve. El tiempo de las abejas es utilizado más eficientemente en la colección de néctar que en producir cera para tapar las celdas con miel, por eso el apicultor cosecha alzas con miel inmadura y la deshidrata en edificios equipados con deshumidificadores. Para el apicultor aficionado que cosecha miel al límite máximo de 18.6% de humedad, éste proceso difiere en tamaño, pero no en principio. Debe llevarse a cabo después de cosechar las alzas, pero antes de extractar la miel. Para quitar el exceso de humedad de las alzas con miel, primero colóquelas en un cuarto cerrado y póngalas una sobre otra en forma cruzada, para que los extremos de cada alza queden expuestos. Mantenga funcionando en el cuarto un calentador, un ventilador y un deshumidificador, teniendo cuidado de no sobrecargar los circuitos eléctricos. El tiempo requerido para deshidratar la miel de ésta manera es variable, pero probablemente tomará al menos 1-2 días. Cheque la miel con un refractómetro hasta que alcance el nivel de humedad deseado. Si extracta las alzas inmediatamente después de éste proceso, tiene la ventaja adicional de que la miel se encuentra caliente y está más delgada, lo cual facilita la extracción.

Extracción de miel

Para poder producir miel líquida "extraída" del panal se requiere de una cantidad mínima de equipo especializado que debe adquirirse antes de empezar. Éste equipo se describe en las Figuras 92-96. Una vez que haya

Figura 92. Utilice un cuchillo desoperculador caliente para cortar los opérculos con un movimiento de aserrado de arriba hacia abajo.

traído las alzas al cuarto de procesado, encienda su cuchillo desoperculador para que se vaya calentando. Tome un panal con miel y coloque el extremo de su cabezal sobre el clavo del tanque de desoperculado. El clavo permite darle vuelta al panal de una cara a otra con facilidad. El tanque de desoperculado está diseñado para recibir los opérculos mojados con miel que caen sobre su criba, la cual sirve para pedazos de cera y para que la miel pase a través de ella y gotee sobre su piso y escurra hacia una válvula de salida. Utilice el cuchillo desoperculador para rebanar los opérculos de cada lado del panal, con un movimiento en zig zag, con el fin de cortar la cera en lugar de desgarrarla (Fig. 92). Empiece el corte por arriba del panal y vaya bajando poco a poco; es peligroso trabajar de abajo hacia arriba porque puede hacer resbalar el cuchillo y cortarse la cara. Irremediablemente, encontrará áreas hundidas en el panal que son difíciles de alcanzar con el cuchillo. Éstas zonas deprimidas son más fáciles de abrir con un tenedor de opérculos (Fig. 93). Resulta tentador usar el tenedor para todo el panal, pero el problema es que la miel se llena con pequeñas partículas de cera que tapan los filtros en el proceso de limpiado.

Cada bastidor es colocado en el extractor después de haber sido desoperculado (Fig. 94). La mayoría de los extractores para apicultores aficionados son para dos o cuatro bastidores, por lo que el peso debe ser balanceado para evitar que el aparato camine sobre el piso cuando se hace girar. Una vez que el extractor se ha cargado, empiece a hacer girar los bastidores lentamente, incrementando la velocidad de forma gradual. La fuerza centrífuga saca la miel de las celdillas abiertas y la impacta contra la pared del extractor, de donde escurre hacia abajo y luego pasa a una válvula de salida (Fig. 95). Es mejor usar un extractor *radial* porque los bastidores se colocan como rayos de una rueda y la miel sale al mismo tiempo por ambas caras del panal. El extractor de diseño *reversible* que todavía se fabrica, extracta solo uno de los lados del panal a la vez. Si utiliza éste tipo de extractor, empiece por hacerlo girar con cuidado, pero no muy rápido, para no romper los panales con la presión ejercida por el peso de la miel contenida en su cara interna. Cuando haya sacado más o menos la mitad de la miel del primer lado, voltee los panales y vuelva a hacerlos girar. Esta vez si se puede ir más rápido porque ya no hay mucho peso en la ahora cara interna de los panales. Para terminar, vuelva a voltear los bastidores y ahora hágalos girar hasta terminar de sacar toda la miel de la primera cara de los panales.

Figura 93. El tenedor se utiliza para quitar opérculos en áreas deprimidas del panal que no se pueden alcanzar con el cuchillo.

Figura 94. Panales desoperculados listos para ser extractados. Aquí se muestra un extractor radial de 20 bastidores, adecuado para empresas de tamaño mediano.

La miel debe ser colada luego de ser extractada para quitarle pedazos de cera, abejas muertas y otros contaminantes. Las coladeras de pintura puestas sobre cubetas de 20 litros funcionan muy bien para los aficionados (Fig. 95). Si le es posible, le conviene poner válvulas en la base de las cubetas para poder envasar la miel. Deje que la miel descanse al menos 24 horas y manténgala cubierta para evitar que le entre polvo y suciedad. En éste lapso de tiempo se forma una capa de espuma en la superficie de la miel debido a que las burbujas de aire suben. Si envasa usando llaves instaladas en la base de las cubetas, la miel en sus envases se verá cristalina y sin burbujas (Fig. 96).

La miel debe envasarse en recipientes de dimensiones estándar. Los tamaños más usados son los frascos de una libra y los osos de plástico de 12 onzas. Los proveedores apícolas venden etiquetas adhesivas y envases de muchos tamaños. Los departamentos de agricultura de los estados regulan los requisitos básicos del diseño de etiquetas para alimentos (Fig. 97), pero estas especificaciones son bastante similares en todo el país y generalmente las etiquetas compradas de un proveedor conocido, las cumple.

Algunas mieles tienden a cristalizar, es decir, adquieren una fase semisólida con grandes cristales de azúcares precipitados. La miel cristalizada es perfectamente comestible; algunas personas la prefieren, pero otras la consideran indeseable. La cristalización es generalmente percibida de manera negativa por los consumidores de miel y por eso debe evitarse. El calentado y filtrado de la miel durante el proceso de extracción retrasa el inicio de la cristalización, al igual que el taparla, porque así se

Figura 95 (izquierda). Miel líquida, extractada de los panales, saliendo por la válvula inferior del extractor. Un colador de pintura puesto sobre una cubeta de 5 galones puede usarse como sistema básico de filtrado. Figura 96 (derecha). Miel lista para ser envasada después de haber sido sedimentada por 24 horas.

evita que le caiga polvo impulsado por el viento. Cualquier partícula – polvo, polen, o pedazos de cera – pueden estimular la formación de cristales y acelerar el proceso de cristalización. Afortunadamente, la miel cristalizada puede ser fácilmente regresada a su estado líquido calentándola. Afloje la tapa del frasco de miel y póngalo en una olla de agua hirviendo hasta que la miel vuelva a su estado líquido. Otra forma de proceder con la miel cristalizada es convertirla en miel cremosa. La miel cremosa es básicamente miel cristalizada, con la salvedad de que el proceso de cristalización se lleva a cabo de manera controlada para que se produzcan cristales pequeños en vez de grandes. El producto final es suave y untable y se vende a un precio alto. Existen varios sitios en el internet en donde se pueden obtener instrucciones para hacer miel cremosa paso por paso.

Figura 97. Asegúrese de cumplir con las leyes de etiquetado de alimentos de su estado.

Cabe mencionar que existen regulaciones en los estados que exigen a los establecimientos que procesen alimentos para la venta cumplir con un mínimo de requisitos. A mi me parece que éstos requisitos son lógicos y razonables. Además, me he dado cuenta que los inspectores ponen más esfuerzo en ayudar a los envasadores a cumplir con los requisitos que en aplicarles multas. En resumen, si piensa producir miel para la venta, asegúrese de entender y cumplir con las reglas de manejo de alimentos de su estado.

Miel en panal

Producir miel en panal es especialmente satisfactorio para una persona tradicionalista, porque la miel en panal es un símbolo del producto en su forma más elemental y ancestral. Antes del siglo 19, cuando se inventó el extractor, toda la miel era miel en panal.

La presentación más común de miel en panal es una combinación de una sección de panal y miel líquida extractada – la llamada miel en *trozo*, la cual es vendida en incrementos de una pinta o una libra. La presentación clásica consiste de un rectángulo de panal con miel dentro de un frasco de una pinta o de una libra, el cual es rellenado con miel extractada. Ya hemos hablado acerca de la miel extractada, por ello voy a enfocar mi discusión al panal con miel.

El objetivo es producir panales bien llenos de miel y perfectamente operculados. Al morder uno de éstos panales, la miel debe casi brotar dentro de la boca, con cada una de sus celdas rompiéndose delicadamente y soltando su dulce contenido conforme se mastica el panal. después de consumir la miel debe quedar muy poca cera, porque ésta es virgen y las celdas del panal son delicadas y delgadas. La apariencia lo es todo: los opérculos deben estar limpios, blancos y parejos. Cuando se produce miel en panal se utiliza una hoja muy delgada de cera estampada 100% pura. Ésta hoja no tienen alambres de refuerzo puesto que se consume junto con el resto del panal. Es extra delgada para mejorar la delicada palatabilidad del producto final. Cada hoja se inserta en un bastidor de alza corta. Incluso no es necesario utilizar una hoja completa en un bastidor; yo utilizo una tira de 1 a 2 pulgadas pegada al cabezal (Fig. 98). Éste método es doblemente ventajoso: primero porque es económico y segundo porque asegura la producción de panal natural extra delgado.

La producción de miel en panal difiere poco de la de miel extractada. Pero para éste caso, se recomienda poner alzas directamente sobre la cámara de cría, ya que la apariencia del panal es muy importante (ver el **Capítulo 5, Colocación de alzas para el flujo de néctar**); hacerlo, reduce el transitar de las abejas sobre los opérculos, por lo que se ensucian menos, pero además, también se estimula a las abejas a llenar las esquinas de los panales de manera mas uniforme. Otro manejo que también fuerza a las abejas a llenar los panales de manera más completa y uniforme, consiste en congestionar las colonias un poco más que lo que se hace para producir miel líquida.

Utilice un cuchillo común de cocina bien afilado para cortar y sacar el panal del bastidor (Fig. 99). Elimine abultamientos y áreas del panal con celdas abiertas (Fig. 100). Luego corte secciones de panal individuales de acuerdo al tamaño de los envases que utilizará; los frascos deben tener boca ancha para facilitar la introducción del trozo de panal. Por último, rellene el espacio restante del frasco con miel líquida – de preferencia del mismo origen floral del de la miel en el panal (Fig. 101).

Figura 98a. La cera estampada para producir miel en panal es extra delgada y 100% pura. Todo lo que se requiere para empezar es una tira delgada de cera estampada.

Figura 98b. La tira de cera se inserta debajo del cabezal del bastidor. Las abejas construyen el resto del panal con cera nueva. Es extremadamente importante usar cera delgada, delicada y limpia para producir miel en panal.

Productos de la Colmena

Figura 99. Corte y saque el panal del bastidor de madera.

Figura 100. Corte todos los abultamientos y orillas naturales.

Cera

El procedimiento de desoperculado hace que la cera sea automáticamente un subproducto de la miel extractada. Además, los opérculos son la fuente más pura de cera porque se trata de cera virgen producida durante la temporada y por ello está relativamente libre de impurezas y contaminantes. La cera pura es de color amarillo verdoso y tiene un aroma agradable después de haber sido procesada.

Los opérculos pueden procesarse tan pronto se haya escurrido la miel de ellos en el tanque de desoperculado. Lávelos con agua para quitarles la miel restante y luego déjelos secar. Es recomendable utilizar un calentador de doble tanque para fundir los opérculos, para así evitar que entren en contacto directo con la fuente de calor. La cera es inflamable por lo que debe manejarla con mucha precaución. Una vez fundida, vacíe la cera líquida dentro de un molde, haciéndola pasar a través de un filtro de nylon para limpiarla y producir un bloque sólido. Los bloques de cera de abejas limpia pueden utilizarse para la elaboración de artesanías (Fig. 102). Los detalles para elaborar estos productos van más allá del propósito de éste libro, pero el apicultor pudiera considerar tener ingresos adicionales vendiendo ornamentos de cera y velas (Fig. 103).

Figura 101. Llene el espacio restante del frasco con miel líquida.

Polen

Para colectar polen es necesario instalar una trampa en el piso o en la piquera de una colmena y dejarla ahí por varios días durante la época de mayor entrada de polen. Hay que tener la precaución de no sobre explotar a las colonias porque el polen es necesario para su salud y productividad. Lo más aconsejable es no dejar la trampa en una colonia en particular por más de un día y hay que hacerlo en días alternados.

Productos de la Colmena

Figura 102. Bloques de opérculos de cera limpios, listos para usarse

Figura 103. La belleza y atractivo de las velas y ornamentos de cera son auto evidentes.

Esto es especialmente importante de observar durante el periodo de crecimiento de la colonia previo al flujo principal de néctar.

Existen muchos modelos de trampas, pero lo fundamental es que todas poseen una malla criba o parrilla, a través de la cual deben pasar las abejas pecoreadoras para poder ingresar a la colmena. La malla remueve las pelotas de polen que las abejas transportan en sus patas y éstas caen en un cajón que el apicultor abre diariamente para recolectar el polen (Fig. 104). El polen debe limpiarse de contaminantes visibles y luego secarse hasta que las pelotas no se peguen cuando se les presiona con los

Figura 104. Trampa de polen de Nueva Zelanda. Todos los modelos de trampa que existen cuentan con una malla a través de la cual pasan las pecoreadoras de polen. La malla remueve las pelotas de polen de las patas de las abejas.

dedos. Una vez limpio y seco, el polen puede ser envasado y etiquetado en frascos comunes para miel. Las tiendas de productos naturales son los lugares ideales para el mercadeo de ésta especialidad de la colmena.

Capítulo 7
Manejo Fuera de Temporada

Pero desde hace tiempo Virgo teje la bata de aguanieve, O se ajusta las escarchadas y heladas sandalias alrededor de sus pies, Cerrados y sagrados, se van tus anfitriones desgastados por el duro trabajo, La agonizante temporada presume el último alimento amable…

Evans, en Bevan, La Abeja

Es bueno recordarle al lector que el principal objetivo del productor de miel es lograr producir grandes poblaciones de abejas en las colonias a tiempo para el principal flujo de néctar. Éste objetivo debe tenerse en mente todo el año. Una colonia que termina el invierno con una buena población de abejas comienza bien el camino hacia ese objetivo para esa primavera y verano. Pero el reto es grande. El invierno es la estación más larga sin aprovisionamiento de alimentos y la más fría del año, lo que hace que muchas colonias pierdan en éste juego de altos riesgos. El trabajo del apicultor consiste en efectuar manejos de otoño apropiados para mejorar las oportunidades de sobre vivencia de sus colonias.

Configuración óptima de una colonia

En el **Capítulo 3** mencioné que durante el invierno el racimo de abejas cubre y ocupa celdas abiertas y que típicamente la miel y el polen se encuentran inmediatamente por encima del racimo. Lograr esta configuración básica es crucial para que la colonia sobreviva el invierno y constituye una de las prioridades para el apicultor durante el otoño. Se busca que el racimo de abejas se establezca en la parte baja del nido de cría, con las reservas de miel y polen por encima y a sus lados. La posición baja en el nido es importante porque el racimo tiende a moverse hacia arriba durante el invierno. Resulta de gran ayuda que el alimento esté densamente almacenado, es decir, que las esquinas de los panales estén bien llenas. Es mejor tener pocos cubos bien llenos de alimento que tener muchos medio vacíos en una colmena. Por eso es que quitamos material y congestionamos el nido hacia el final de la temporada (ver en el **Capítulo 5, Colocación de alzas para el flujo de néctar**). Otro aspecto crucial es que existan celdas vacías al centro del nido de cría. Las abejas necesitan celdas vacías para formar un racimo compacto que les permita conservar calor durante el invierno (Fig. 105). La disponibilidad de celdas vacías coincide con la caída natural en la postura de huevos de la reina, lo que lleva a la casi ausencia de cría para el mes de noviembre.

Figura 105. Abejas con la cabeza dentro de celdas vacías en la típica postura del racimo de invierno.

Como lograr la configuración óptima de una colonia

La realidad es que las abejas tienden a lograr esta configuración óptima por si solas, pero hay algunas cosas que el apicultor puede hacer para asegurarse de que esto ocurra. Ya mencionamos la importancia que tiene el congestionar el nido de cría al final de la temporada para forzar a las abejas a llenar densamente los cubos con alimento. Para empezar, esto implica la existencia de alimentos, pero cuando la naturaleza no los provee, el apicultor debe hacerlo. Las cantidades no son cualquier cosa. Una colmena bien provista, ya sea que se encuentre alojada en dos cámaras o en una con 1-2 alzas de miel, debe pesar al menos 100 libras antes de invernar. Por eso la alimentación de otoño es parte del calendario de actividades apícolas. Al igual que en la primavera, hay que pensar en galones de jarabe y no en litros para cada colonia. Pero a diferencia de la primavera, el jarabe debe estar doblemente denso, con dos partes de azúcar y una de agua. Proporcione el jarabe a las colonias con cualquiera de los alimentadores estándar (ver en el **Capítulo 3**, **Alimentadores**) hasta que se alcance el peso deseado. El otoño es generalmente una buena estación para el polen de vara de oro y asters, pero si en su región no hay polen, deberá dar a cada colonia al menos cinco libras de suplemento de proteína. La alimentación de las colonias en otoño es particularmente importante en zonas con inviernos severos, porque las bajas temperaturas pueden impedir el abrir las colmenas antes del inicio de la primavera. En regiones más cálidas, los apicultores pueden darse el lujo de seguir un régimen de alimentación más progresivo, inspeccionando las colmenas durante el invierno y alimentando conforme se vaya necesitando, en vez de alimentar a todas las colonias durante el otoño. Para concluir el asunto de la alimentación, debo agregar que si utiliza una cámara con 1-2 alzas, es recomendable que quite los excluidores en el otoño, porque si no lo hace, la reina puede quedar atrapada en la cámara conforme el racimo de abejas se mueve hacia las alzas durante el invierno.

Otro peligro para la configuración óptima de la colonia es la pérdida de la reina en el otoño. Si además hay flujo de néctar al final de la estación, el nido de cría quedará bloqueado con miel. Estas condiciones se conocen como "límite de miel" y resultan peligrosas porque no hay celdas vacías disponibles para que las abejas formen el racimo. El remedio consiste en proveer una nueva reina y panales vacíos al centro del nido de cría de la colonia, pero hay que estar conscientes de que la probabilidad de aceptación de la reina disminuye dramáticamente hacia el final de la temporada.

Lo anterior nos lleva a otro dicho útil en la apicultura: pierda colonias en el otoño, no en la primavera. Supongamos que encuentra una colonia huérfana y con límite de miel en octubre. En ese mes resultará complicado adquirir una reina y aún si la consigue, es muy difícil que sea aceptada en la colonia. Lo que debe hacer, es desarmar la colmena, sacudir las abejas en otra colonia y dar los panales con alimento a otras cajas, o bien guardarlos para usarlos en el futuro. Lo mismo se recomienda para colonias con reinas deficientes o cuyo racimo de abejas es pequeño. Es mejor repartir los limitados recursos entre las colonias viables y guardar el equipo vacío que intentar una operación de rescate inútil. Las colonias perdidas pueden recuperarse rápidamente durante la siguiente primavera haciendo divisiones (ver en el **Capítulo 5**, **Manejo de la enjambrazón**).

Protección de invierno

La capacidad de sobre vivencia de las abejas al invierno es una maravilla de la biología. Una de las maneras en que lo logran en la naturaleza, es construyendo su nido en cavidades con buen aislamiento y entradas pequeñas. Desafortunadamente las tablas de una pulgada que se utilizan en la actualidad para construir las colmenas, son menos aislantes que un tronco de árbol y además puede haber grietas entre las alzas por donde se cuelan corrientes de aire frío. Nuevamente, toca al apicultor contrarrestar éstas deficiencias.

Dicho lo anterior, las colonias alojadas en colmenas Langstroth en América del Norte, normalmente invernan sin aislamiento especial. Las únicas regiones de excepción son los estados de las praderas del Norte y las provincias centrales de Canadá, donde los apicultores forran sus colmenas con materiales aislantes (Fig. 106), o bien las ponen dentro de edificios especialmente diseñados para la hibernación. Para el resto del continente no se requieren medidas tan drásticas.

La exposición de las colmenas a vientos severos puede ser más dañina para las colonias que exponerlas a temperaturas extremadamente bajas. Si usted vive en un lugar con mucho viento, debe poner una barrera rompevientos para proteger a sus colmenas. También es recomendable reducir las piqueras a una o dos pulgadas en la mayoría de las regiones del país, excepto en las zonas más calurosas. Asegúrese de que las colmenas estén ubicadas en sitios altos, soleados y con buen drenaje para que no entren en contacto con aire húmedo y frío. Verifique que las piqueras estén

Figura 106. En lugares fríos, como en Nueva Escocia, los apicultores aplican medidas especiales para mejorar la sobre vivencia de sus abejas durante el invierno. Este paquete contiene 12 colmenas de una cámara que están forradas con material aislante y que comparten una tapa común.

ligeramente inclinadas hacia el frente para que el agua de lluvia drene hacia el exterior. Proporcione algún tipo de ventilación en la parte superior de las colmenas para que el aire caliente y húmedo producido por el racimo de abejas ventile hacia afuera; Yo utilizo un bloque de madera entre las tapas interna y externa (Fig. 107). Si usted usa pisos enmallados para el control del ácaro varroa (ver el **Capítulo 8**), es recomendable cerrarlos durante el invierno, a menos que usted viva en una región cálida y con cría todo el año. Los proveedores de material apícola venden un piso de plástico corrugado que puede deslizarse al interior de la colmena para este fin.

Días cálidos en el invierno

A veces pueden observarse abejas volando durante algunos de los días cálidos del invierno. Las abejas defecan y colectan agua durante éstos,

Figura 107. Un bloque de madera entre las tapas interna y externa ayuda a sacar el aire húmedo y caliente afuera de la colmena.

llamados vuelos de limpieza. También puede ser que las vea colectando polvos de granos y otros productos poco usuales de proteína vegetal. Asimismo, es normal ver montoncitos de abejas muertas sobre el suelo o la nieve frente a las colmenas. Si nota que las abejas de una colmena no vuelan es éstos días, vale la pena revisarla. Para saber si la colonia está viva, coloque su oreja contra la pared de la colmena y golpéela firmemente con la mano (Fig. 108). De inmediato escuchará un zumbido proveniente del interior de la colmena que desaparece en poco tiempo. Si no escucha nada, quiere decir que la colonia está muerta. Ábrala, límpiela de abejas muertas y almacene el equipo para usarlo en la primavera.

Los días cálidos también son buenos para levantar las colmenas de su parte posterior con el fin de estimar su peso comparativo. Las colonias ligeras deben ser inmediatamente alimentadas con un jarabe denso de 2:1. Es importante recordar que las abejas arracimadas permanecen relativamente inmóviles, por lo que el jarabe debe ponerse directamente

Figura 108. Chequeo para determinar si una colonia que inverna aún vive.

sobre el racimo. Por ello, el método de elección son las cubetas de plástico con tapas perforadas, como se describe en **Alimentadores** en el **Capítulo 3**.

Capítulo 8

Enfermedades, Parásitos, e Invasores del Nido de las Abejas

Yo creo, influenciado por circunstancias poderosas, que eres mi enemigo...

William Shakespeare, *El Rey Enrique VIII*

El nido de las abejas constituye una fuente rica en recursos, no solo para el apicultor, al cual le alegra obtener una buena cosecha de sus inquilinos, sino también para muchos gérmenes, parásitos y depredadores del nido que no son muy benévolos. El mantener la salud de las abejas es un objetivo primordial de la apicultura y puede decirse que lograrlo se ha hecho cada vez más difícil. Hay una vieja lista de enfermedades, la cual ha ido creciendo en años recientes, debido al mayor movimiento de organismos de todo tipo que realiza el hombre por todo el mundo. En la actualidad no es posible tener éxito en la apicultura si no se conocen las principales enfermedades y los métodos para controlarlas de una manera responsable con el medio ambiente.

Manejo integrado de plagas

Los productos químicos sintéticos se empezaron a utilizar con regularidad en el interior de las colmenas hasta poco después de 1940, con el empleo del antibiótico Terramicina para prevenir enfermedades bacterianas de la cría. Ese limitado arsenal de medicamentos se amplió en la última parte del siglo anterior, después de la introducción sucesiva de los ácaros traqueales en 1984, de los de varroa en 1987 y del pequeño escarabajo de la colmena en 1998. Los investigadores y las instituciones reguladoras respondieron rápidamente, ensayando y aprobando un pequeño arsenal de plaguicidas para el control de éstas plagas y hoy en día es común emplear varios de estos productos químicos en el interior de las colmenas, las cuales contienen abejas vivas. Estos productos químicos son generalmente muy eficaces y no hay duda de que han salvado una innumerable cantidad de colonias de abejas.

También es igualmente cierto que al inicio del siglo 21 se ha creado una elevada conciencia sobre los riesgos que conlleva usar plaguicidas altamente tóxicos. En el caso de la apicultura, hay estudios que demuestran que los productos químicos que se usan en el interior de la colmena para controlar a sus invasores también son dañinos para las abejas, a las que se supone deben proteger. El espectro de resistencia química de diferentes plagas, conocida desde hace mucho tiempo en otros sectores de la agricultura, ha aparecido en la apicultura en la forma de bacterias resistentes a antibióticos y parásitos resistentes a plaguicidas. Además, hay que considerar los riesgos de residuos químicos en el medio ambiente y en los productos agrícolas. El uso de plaguicidas en la apicultura es particularmente indeseable, dada la reputación que tiene la miel, de ser un alimento totalmente natural. Esta reputación es invaluable para mantener el mercado de la miel, pero a la vez también es muy frágil.

Un número creciente de evidencias biológicas, ecológicas, económicas, sociales y éticas, demuestran la conveniencia de usar prácticas de control de plagas que nos lleven a depender menos del uso de productos tóxicos. En éste capítulo hago hincapié en prácticas de control de plagas que minimizan el uso de productos químicos. También reconozco que los plaguicidas pueden ser eficaces con riesgos mínimos cuando se usan de acuerdo a las instrucciones del fabricante. Sin embargo, los plaguicidas deben siempre verse como el último recurso a utilizar, después de haber empleado otras medidas.

Por lo anteriormente mencionado, se tendría que saber cuando usar el último recurso; en otras palabras, ¿cual es el grado de infestación que amerita tratar a las colonias con plaguicidas? Esta pregunta nos lleva a la filosofía del control de plagas que en la práctica se conoce como *manejo integrado de plagas* (MIP), en la cual el nivel crucial de infestación de la plaga se ha denominado de varias formas, umbral *económico*, umbral de *tratamiento*, o umbral de *acción*. El umbral de tratamiento para una plaga o sistema agrícola determinado consiste de un número específico – número de parásitos, densidad, o nivel de daño – que se obtuvo de estudios científicos. Mientras los niveles de la plaga permanezcan por debajo del umbral de tratamiento, no es necesario usar un plaguicida altamente tóxico. En vez de tratar al primer síntoma de un problema, ahora de lo que se trata es de mantener lo niveles de la plaga por debajo del umbral económico. Esto se logra de varias maneras, entre las que se encuentran la resistencia genética del hospedero contra la plaga, manejos que contrarresten a la plaga y organismos benéficos que parasiten o se alimenten de la plaga. Los programas completos de MIP integran más de un componente, ya que se ha demostrado que las poblaciones de las plagas se controlan mejor cuando se les ataca en su ciclo de vida desde varios ángulos. El apicultor puede usar programas de MIP sin la necesidad de utilizar plaguicidas tóxicos, solo en el caso de plagas y enfermedades para las que se conocen umbrales de tratamiento y controles no químicos.

Enfermedades de la cría
Loque americana

Ésta ha sido por mucho tiempo la más dañina de las enfermedades de las abejas. Es un mal que solo afecta a la cría, pero las abejas adultas juegan un papel muy importante en el ciclo de la enfermedad porque dispersan las resistentes y longevas esporas que la causan. El agente que la causa es una bacteria, *Paenibacillus larvae larvae*. Debido a lo fácil que se disemina y a que es muy infecciosa, el control de la loque americana (LA) se basa en la prevención y en la eliminación de las colonias que resultan positivas. La LA motivó la creación de los programas de inspección estatales a principios del siglo 20 y sigue siendo una preocupación constante para el personal que regula el movimiento de abejas entre estados y entre naciones.

El ciclo de la enfermedad empieza cuando la larva ingiere alimento contaminado con esporas. Las esporas de la bacteria germinan y pasan a un estadio vegetativo que se multiplica rápidamente en el interior del intestino de la larva, penetra la pared intestinal e invade los tejidos de su cuerpo. La cría muere después de ser operculada, generalmente cuando está como prepupa, pero a veces también como pupa. La cría muerta tiene un característico color café chocolate. Cuando la cría muere como pupa, su lengua apunta hacia el techo de la celda (Fig. 109). En ocasiones se percibe un olor azufroso de putrefacción parecido al de un gallinero. El síntoma de campo más importante es la consistencia de "hebra" de la cría, que se detecta con la llamada prueba del "palillo." Cuando encuentre una celda de cría sospechosa, tome un palito, insértelo y muévalo en círculos en el interior de la celda. Luego retírelo; si es LA, la cría se hace hebra y ésta puede estirarse una pulgada o más (Fig. 110).

Si las obreras no retiran la cría recién muerta, ésta continúa secándose y la bacteria vuelve a tomar la forma de espora. Eventualmente la cría se seca hasta formar una costra dura que se adhiere fuertemente al piso de la celda; cada costra contiene miles de millones de esporas (Fig. 111). Es difícil que las abejas puedan sacar éstas costras de la colmena, por lo que se convierten en potentes reservorios de la enfermedad. Las abejas adultas dispersan las esporas a todos lados de la colmena. También pasan de una colonia a otra transportadas por abejas pilladoras, así como por los manejos poco

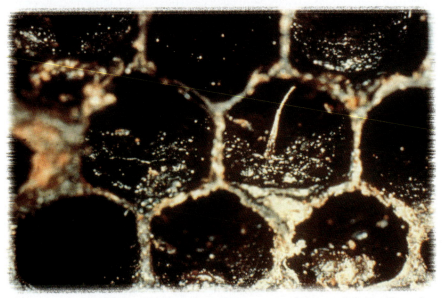

Figura 109. Una cría muerta por LA en el estadio de pupa extiende su lengua hacia el techo de la celda.

Figura 110. La prueba del palillo se usa para diagnosticar la LA en el campo.

Figura 111. Muchas de éstas celdas muestran costras de LA. El panal es volteado para permitir que la luz del sol ilumine el piso de las celdas.

cuidadosos del apicultor. Cuando la enfermedad llega al punto de formar costras en la cría, quedan pocas esperanzas de recuperación para las abejas y el equipo se convierte en un peligro para futuros ocupantes.

Debido a la alta virulencia y persistencia de la LA, en la mayoría de los casos es necesario quemar las colmenas infectadas. En otras palabras, no se conoce un umbral de tratamiento; en vez de esto, se toma una política de cero tolerancia. Si llega a encontrar una colonia con LA, el curso de acción más conservador, es quemarla. Cierre la piquera y fije todas las alzas con grapas. Coloque la colmena con todo y las abejas en un hoyo de poca profundidad hecho en la tierra y quémela completamente, cubriendo al final las cenizas con tierra. Al quemar la colonia en un hoyo, se evita que la miel y la cera que se derriten, se rieguen y atraigan abejas pilladoras que podrían diseminar la enfermedad. A veces es posible salvar las alzas y otras partes de la colmena flameando su interior con una antorcha de propano; sin embargo, los bastidores son insalvables por estar contaminados y por eso hay que quemarlos.

En los Estados Unidos hay dos antibióticos registrados para prevenir la loque americana – Terramicina® y Tilosina®. Éstos antibióticos se aplican en las colonias de acuerdo a las instrucciones del fabricante (Fig. 120). El tratamiento debe hacerse fuera de temporada, en la primavera, pero no debe aplicarse cuando falten menos de cuatro semanas para el inicio del primer flujo de néctar de verano. También puede aplicarse después de la cosecha de miel en el otoño. Éstas restricciones en las fechas de tratamiento tienen la finalidad de evitar residuos de antibióticos en la miel. Es importante destacar que éstos medicamentos se usan para prevenir la enfermedad y no para curarla. Su eficacia se limita a la forma vegetativa de la bacteria; por eso, pueden detener infecciones tempranas, prevenir la formación de esporas y controlar un ciclo inicial de la enfermedad, pero no tienen efecto contra las esporas. Si una colonia sufre de la enfermedad al menos por un ciclo, eso significa que la colmena contiene miles de millones de esporas en todas sus superficies. La aplicación continua de antibióticos puede detener el desarrollo del ciclo de la enfermedad y la manifestación de sus síntomas. Ésta situación no es sostenible y lleva inevitablemente al desarrollo de bacterias resistentes a los antibióticos y a la contaminación de la miel con residuos de medicamentos.

Hay una mejor manera de controlar la LA. De hecho el control sostenido de la LA es una de las historias más exitosas del MIP, especialmente cuando se usan medidas de prevención y resistencia genética de las abejas.

La bacteria que causa la enfermedad, *Paenibacillus larvae larvae*, se dispersa exclusivamente mediante la transportación mecánica, por ello la táctica principal de manejo es simplemente emplear prácticas higiénicas con sentido común. La política de cero tolerancia resulta económica en el largo plazo. Cada vez que se observe un panal con loque americana hay que quemarlo inmediatamente. La práctica de esterilizar la cuña quemándola en el ahumador después de abrir una colmena y antes de abrir otra, es un buen hábito. Evite alimentar sus colonias con polen y miel de origen desconocido. Sea cuidadoso al comprar equipo usado para no llevar panales con costras de LA a su apiario.

El Segundo elemento importante para el control sostenido de la LA es el uso de las llamadas reinas *higiénicas*. Las abejas que han sido genéticamente seleccionadas por su comportamiento higiénico pueden detectar celdas de cría anormales, destaparlas y retirar la cría afectada. Lo bonito de esta característica es que es genérica, es decir, efectiva contra varias enfermedades que incluyen además de la loque americana, a la loque europea, la cría de cal, los ácaros varroa y el pequeño escarabajo de la colmena. Varios proveedores de reinas en los EU venden estirpes de abejas higiénicas. No hace falta decir que volveremos a mencionar a las reinas higiénicas más adelante. Por el momento es suficiente decir que un programa de MIP basado en el uso de reinas higiénicas y en prácticas sanitarias en las colmenas, reducirá sus casos de LA a casi cero.

Loque europea

La loque europea (LE) es una enfermedad de la cría causada por la bacteria *Melissococcus pluton*. Los síntomas son similares a los de la LA, pero su virulencia es menor; por eso es importante que los apicultores puedan distinguirlas a ambas.

El ciclo de la enfermedad empieza cuando las larvas jóvenes comen alimentos contaminados con *M. pluton*. La bacteria se multiplica en el intestino de la larva, hasta adquirir densidades capaces de competir con ella por sus nutrientes. La larva infectada responde con un mayor apetito. En una colonia normal las abejas nodrizas reaccionan eliminando a las larvas con mucho apetito, controlando así la enfermedad. Pero en situaciones en las que el radio entre nodrizas y cría es alto (antes de la temporada de pecoreo) puede suceder que las larvas infectadas sean atendidas. Bajo éstas condiciones, las larvas infectadas permanecen en la colona sin mostrar síntomas visibles para el apicultor. Ésta situación explica el porqué la enfermedad puede aparecer espontáneamente al inicio de la temporada de pecoreo: las abejas nodrizas pasan a ser pecoreadoras y las larvas infectadas reciben menos atención, por lo que manifiestan síntomas de la enfermedad y se mueren. Por eso la LE es auto controlable en una colonia fuerte. La bacteria no forma esporas como en el caso de la LA, pero puede persistir en las heces fecales de las larvas infectadas.

Las larvas que mueren por LE se observan superficialmente como las que mueren por LA. Sin embargo, existen diferencias importantes que se resumen en el cuadro que se muestra mas abajo. Las larvas muertas de LE fallecen antes del estado de prepupa; esto significa que mueren jóvenes, a la edad en que aún se mueven dentro de la celda y por eso se observan en diferentes posiciones retorcidas (Fig. 112). Su color puede variar desde el blanco opaco, al gris, o al negro. Cuando están negras, a veces es posible observar los tubos respiratorios de color blanco a través de su piel transparente.

La LE puede prevenirse con los mismos antibióticos que se usan para la LA. Puede también prevenirse con las mismas medidas sanitarias y el uso de reinas higiénicas del programa de MIP que se recomienda para la LA.

Figura 112. Larvas muertas por LE.

Comparación de síntomas de campo de la loque americana y de la loque europea

Característica	Loque americana	Loque europea
Estadio de la cría muerta	Cría operculada	Cría abierta
Postura de la cría	Plana sobre el piso de la celda; lengua extendida hacia arriba de la celda	Variable, con apariencia torcida
Color	De café chocolate a negro	Blanco opaco, amarillo, gris a negro; tubos respiratorios de color blanco visibles
Forma hebra?	Forma hebra de hasta una pulgada	Poco o nada
Olor?	Azufroso, como el de un gallinero	Ácido o ninguno
Costras?	Duras, quebradizas, fuertemente adheridas al piso de la celda	Elásticas, fáciles de quitar
Apariencia de los opérculos	Hundidos, frecuentemente perforados	No comparable ya que la cría muere en celda abierta

Se ha comprobado que darle cría y alimento a las colonias afectadas les ayuda a recuperarse de la enfermedad. Cuando se proporcionan panales con larvas jóvenes, éstas compiten con las infectadas y las abejas nodrizas dejan de atender a las enfermas, por lo que mueren pronto y son eliminadas de la colmena. De la misma manera, al dar jarabe se estimula la producción de nueva cría y la eliminación de larvas infectadas por competitividad.

Cría de cal

Ésta es la tercera enfermedad de la cría en nuestra lista y es causada por el hongo *Ascosphaera apis*. El ciclo de la enfermedad empieza cuando la larva adquiere las esporas del hongo, ya sea por contacto directo o por ingestión. Si la larva se enfría, las esporas del hongo germinan y éste invade el intestino de la cría y compite con ella por sus nutrientes. Si la larva muere, el hongo invade su cuerpo y eventualmente forma esporas que lo propagan. Cuando una larva muere de cría de cal, adquiere un color blanco opaco, se endurece y se hincha, ocupando completamente su celda y tomando la apariencia de un pedazo de tiza o gis (Fig. 113). Las cápsulas con esporas forman una capa negro / grisácea sobre la superficie de la cría muerta (Fig. 114). Éstas momias calcáreas permanecen sueltas dentro de las celdas, por lo que pueden ser fácilmente retiradas por las abejas; por eso el primer signo visible para el apicultor es la presencia de montones de

Figura 113. Las larvas que mueren por cría de cal primero se inflaman y adquieren un color blanco, asemejándose a un pedazo de tiza.

Figura 114. Conforme la enfermedad de la cría de cal progresa, las larvas adquieren una capa de cápsulas con esporas del hongo de color gris o negro.

momias en el piso de la colmena, en la piquera, o en el suelo al frente de la colmena (Fig. 115).

No existen productos químicos registrados contra la cría de calpor lo que el MIP es la mejor opción para su control. Afortunadamente, la enfermedad no es muy infecciosa o contagiosa y es raro que cause mucho daño.

La cría de cal puede prevenirse con buen manejo y usando reinas higiénicas. Si se toma en cuenta que los hongos generalmente se desarrollan mejor bajo condiciones húmedas y frías, tiene sentido mantener las colmenas en condiciones secas y no frías, lo cual nos lleva a las recomendaciones que hice en el **Capítulo 4, Lugares para apiarios**, específicamente, a la relativa a poner las colmenas en sitios protegidos de vientos, evitando lugares bajos que pudieran acumular aire húmedo y pesado. Es conveniente proveer ventilación en la parte superior de la colmena (Fig. 107). También es aconsejable reemplazar panales de la cámara de cría con regularidad; cada cinco años para la totalidad de ellos. Cuando se eliminan panales viejos también se eliminan toxinas y microbios y se contribuye al control de enfermedades y a una producción

Figura 115. Las momias de cría de cal son fácilmente removibles de las celdas y las abejas las tiran al frente de la piquera de la colmena.

más óptima de la cría. Algunos errores de manejo contribuyen al desarrollo de la cría de cal, el más común de ellos, es cualquier manipulación que resulte en una mayor cantidad de cría que la que las abejas nodrizas pueden cuidar y mantener cálida. Esto puede suceder en la primavera cuando el apicultor hace núcleos o divisiones para reponer las pérdidas de invierno. Si el apicultor proporciona demasiada cría a una colonia pequeña, la cría de la orilla puede enfriarse en la noche y enfermarse de cría de cal.

Por encima de todas estas recomendaciones está el uso de reinas higiénicas. La cría de cal es uno de los muchos males que las abejas higiénicas pueden detectar y remover. El uso de reinas higiénicas combinado con buen manejo mantendrá a la cría de cal en la lista de problemas de poca importancia.

Cría ensacada

Ésta enfermedad de la cría es relativamente poco importante. Es causada por un virus y al igual que para otros virus, no hay medicamentos contra él.

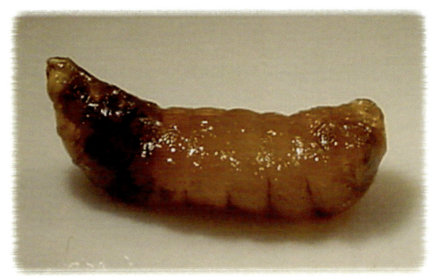

Figura 116. Prepupa muerta por cría ensacada.

Los síntomas visibles se limitan a la cría en su fase alargada de prepupa. Una larva muerta está flácida y aguada, curvada como si fuera una pantufla china y su cabeza se observa de color oscuro (Fig. 116).

Con reinas higiénicas y reemplazo regular de panales se puede esperar que la cría ensacada sea un problema imperceptible. Si la enfermedad se presenta, lo recomendable es reemplazar a la reina con una reina higiénica.

Enfermedades de las abejas adultas
Nosema
Ésta es la que históricamente ha sido considerada como la más seria de las enfermedades de las abejas adultas. La enfermedad es causada por el protozoario unicelular *Nosema apis* que existe en dos estadios – una espora de vida más o menos larga y un estadio vegetativo en el cual el parásito se reproduce. Cuando una abeja adulta ingiere esporas, éstas germinan y pasan a su estadio vegetativo, el cual penetra al interior de las células epiteliales del tubo digestivo de la abeja. Es raro que nosema mate a una abeja de inmediato, pero si causa varios problemas, entre ellos, muerte prematura y menor producción de alimento larvario en las obreras, así como un mayor índice de reemplazo de reinas. Todo esto trae como consecuencia colonias débiles y con un pobre desarrollo

poblacional en primavera. La enfermedad es más dañina en climas fríos o bajo condiciones que conducen a largos periodos de confinamiento de las abejas en la colmena.

La especie *Nosema ceranae*, que parasita de manera natural a la abeja oriental *Apis cerana*, se ha convertido en un serio problema en Europa durante los últimos años, donde se cree que ha causado mortandad de colonias a gran escala. *N. ceranae* también existe en los Estados Unidos donde probablemente también afecta a una alta proporción de las colonias de abejas. Debido a que *N. ceranae* no es un parásito natural de *A. mellifera*, hay la preocupación de que ésta especie de *Nosema* haya aumentado su virulencia contra la abeja melífera occidental – un patrón típico de muchas relaciones parasitarias no naturales.

No existen medidas de MIP contra la enfermedad y su manejo se centra en el mantenimiento de colonias fuertes y en la aplicación del antibiótico fumagilina cada dos años. El medicamento se mezcla con jarabe de azúcar de acuerdo a las recomendaciones del fabricante y se proporciona a las abejas en la primavera y en el otoño. Al igual que otros medicamentos, la fumagilina debe ser suministrada fuera de temporada, cuando no existen posibilidades de contaminar la miel.

Los virus

El interés en los virus de las abejas ha aumentado durante los últimos años debido a la rápida diseminación de los ácaros varroa por todo el mundo. Hay evidencias de que una parte importante de los daños asociados a los ácaros varroa se debe en realidad a virus transportados o activados por ellos.

Tres de los virus más comunes de las abejas adultas son el virus de la parálisis crónica, el virus de Kashmir y el virus de las alas deformadas. Los síntomas de los dos primeros son indistinguibles entre ellos: las abejas pierden pelo del cuerpo, se observan de color negro brillante, tiemblan y se mueven sin coordinación. Las abejas infectadas por el tercer virus muestran arrugas longitudinales en las alas (Fig. 117).

Como se mencionó en el caso de la cría ensacada, no existen remedios químicos contra los virus de las abejas, así que su manejo recae en el reemplazo de panales y en el cambio de reinas de las colonias que muestran síntomas de virosis. También se sabe que el control de los ácaros varroa constituye un control indirecto de los virus.

Figura 117. Abeja con síntomas de virus de las alas deformadas.

Ácaros parasitarios
Ácaros traqueales

El ácaro *Acarapis woodi* tiene una larga y perpleja historia en la apicultura. Se cree que causó la infame epidemia de la isla de Wight en Inglaterra a principios del siglo 20. En respuesta a ésta epidemia el congreso de los EU aprobó la ley de la abeja de 1922 que cerró las fronteras a importaciones de abejas por 83 años. La perplejidad de la historia de éste ácaro tiene que ver con que sus efectos sobre las abejas son variables y con evidencias inconclusas de su daño específico en la epidemia de la isla de Wight. Sobre lo que no hay controversia es que causó la muerte masiva de colonias de abejas en Norteamérica después de su llegada en 1984. Sin embargo, a partir de finales de los años 90s, se ha venido observando una baja en la morbilidad causada por el ácaro, por lo que hoy día se le considera como un problema de moderado a severo en climas fríos y de moderado a mínimo en climas cálidos.

El *A. woodi* es un ácaro microscópico que vive y se reproduce en los tubos respiratorios o tráqueas de las abejas adultas. Los ácaros suben por los pelos de las abejas parasitadas y saltan de una abeja a otra en el nido de cría. Los parásitos prefieren infestar abejas jóvenes, a cuyas tráqueas entran por las aberturas o *espiráculos* localizados en el tórax del insecto. Los ácaros perforan la pared de la tráquea para alimentarse de la sangre de la abeja y luego producen un lote de huevos y ninfas. Los ácaros inmaduros se desarrollan en el ambiente protegido de los tubos traqueales; las hembras se aparean y salen de la tráquea para repetir el ciclo. Las tráqueas de las abejas infestadas pueden quedar bloqueadas con ácaros y sus paredes perforadas y decoloradas con tejido cicatrizante (Fig. 118).

Los síntomas de campo de la acariosis traqueal se observan del final del invierno al principio de la primavera y varían desde casi imperceptibles hasta catastróficos, dependiendo del porcentaje de abejas infestadas y de la carga parasitaria por abeja. Una infestación del 25% (porcentaje de abejas positivas) en el otoño se considera dañina; por eso las acciones de control deben buscar estar muy por debajo de éste porcentaje. En el peor de los casos, las abejas infestadas con ácaros traqueales son incapaces de formar racimos compactos en el invierno y tienden a disgregarse por el nido de cría. Las abejas se arrastran frente a la piquera de la colmena debido a que no pueden volar (Fig. 119). Si la colonia muestra síntomas como éstos, lo más probable es que no sobrevivirá mucho tiempo. El síntoma más común de una colonia que perece por la infestación de ácaros traqueales es simplemente una caja vacía. Esto se debe a la salida de abejas moribundas que se arrastran lejos de la colmena.

Existen dos plaguicidas registrados para el control de ácaros traqueales. Uno de ellos es el mentol en cristales peletizados contenidos en bolsas

Figura 118a (izquierda). Troncos traqueales toráxicos de una abeja libre de *Acarapis woodi*. Figura 118b (derecha). En ésta muestra positiva, los troncos traqueales están claramente manchados con un tejido cicatrizante de color oscuro.

Figura 119. Abejas arrastrándose por el pasto enfrente de las colmenas durante la fase terminal de una infestación con ácaros traqueales.

perforadas que se ponen sobre los cabezales de los bastidores de la cámara de cría. El mentol se evapora y su fase gaseosa mata y deshidrata a los ácaros. Otro plaguicida es el Mite-Away II® – una placa absorbente impregnada con ácido fórmico. Al igual que otros plaguicidas, el mentol y el ácido fórmico deben usarse exactamente de acuerdo a las instrucciones del fabricante. Una alternativa efectiva y poco tóxica son las llamadas "pastas extendidas" – una mezcla de aceite vegetal y azúcar pulverizada. Los ingredientes se mezclan hasta que adquieren una consistencia pastosa

Figura 120. Este apicultor usa una pala de helado para dar la pasta extendida a sus colonias. El polvo blanco es azúcar pulverizada mezclada con Terramicina® para prevenir enfermedades bacterianas de la cría.

y se aplican encima de los cabezales de los bastidores en la cámara de cría, sobre papel encerado (Fig. 120). Conforme las abejas tratan de consumir el azúcar de la pasta, se embarran con aceite, lo que desorienta a los ácaros cuando buscan pasar de una abeja a otra. Las pastas extendidas reducen la densidad de ácaros y tienen el beneficio adicional de ser inocuas tanto para el medio ambiente como para las abejas. Pueden aplicarse tanto en la primavera como en el otoño.

Algunas prácticas de manejo ayudan a mantener los niveles de infestación por debajo del 25%. Aunque los ácaros prefieren infestar abejas jóvenes, son las abejas viejas las que mantienen grandes cantidades de ellos y sirven como reservorios de parásitos en la colonia. Las reinas jóvenes que producen muchas abejas pueden bajar los niveles de infestación. Lo anterior también puede lograrse haciendo divisiones en la primavera, particularmente si éstas se hacen al medio día y si se cambian de lugar para evitar que las abejas más viejas que están pecoreando regresen a las colmenas divididas.

Ácaros varroa

El ácaro *Varroa destructor* es actualmente considerado en todo el mundo, como la plaga más dañina para la abeja melífera occidental, *Apis mellifera*. Éste ácaro ha tenido una historia de consecuencias ecológicas negativas que suelen ocurrir cuando un organismo es sacado de su lugar de origen. *V. destructor* es un parásito natural de la abeja melífera oriental, *Apis cerana*, en la que su daño se limita a la cría de zángano y su impacto general en la colonia es imperceptible. Cuando la abeja melífera occidental fue llevada al este de Asia, varroa tuvo la oportunidad de parasitar a un nuevo hospedero. Varroa parasita tanto a la cría de zángano como a la de obrera en la abeja melífera occidental y ésta abeja tiene poca resistencia fisiológica o de comportamiento al parásito. La presencia de varroa en Europa en los años 60s causó una gran alarma, pero hoy se le encuentra en todos lados donde hay abejas, excepto en Australia y algunas islas oceánicas. Una infestación de varroa hace algunos años, significaba en casi todos lados una sentencia de muerte para una colonia de abejas occidentales a menos que el apicultor la tratara con medicamentos; sin embargo, en años recientes se ha ido encontrando evidencia de cierto grado de resistencia genética en *Apis mellifera*.

El ácaro varroa ha desencadenado un gran esfuerzo de investigación en todo el mundo por casi 40 años. Por eso se cuenta con varios métodos de MIP para su control. Desgraciadamente, la dispersión de varroa también ha traído como consecuencia un abuso indiscriminado de productos químicos en la industria apícola. Los apicultores que son descuidados, irresponsables, o ignorantes, han usado muchos productos – legales o no – para intentar controlar al ácaro.

V. destructor es un ácaro relativamente grande que es visible a simple vista. Parasita tanto a abejas adultas como a su cría (Fig. 121). Su ciclo de vida comienza cuando una hembra grávida penetra a una celda de cría abierta. Después de que la cría es operculada, la hembra de varroa se mueve hacia el abdomen de la prepupa, perfora su integumento y pone huevos cerca del lugar donde se alimenta. Un ácaro macho y varios ácaros hembras emergen de estos huevos, maduran y se aparean. El ácaro madre usa sus filosas mandíbulas para mantener abierta la herida en el abdomen de la cría, para que su progenie se alimente. Si la abeja sobrevive a éste trauma, emerge de su

Figura 121. El ácaro *Varroa destructor* ataca tanto a las abejas adultas (dos sobre la abeja al frente) como a las larvas (atrás).

celda junto con las hembras de varroa fecundadas, las cuales se dispersan y repiten el ciclo. La salud de una abeja que emerge parasitada con ácaros es inevitablemente precaria. El insecto sufre de daño mecánico, bajo volumen de sangre y de proteína sanguínea y está infectado con virus y bacterias. La consecuencia directa de éste daño, es un menor tiempo de vida para la abeja y cuando muchos miembros de la colonia están infestados, el resultado es su colapso. El daño por los ácaros es más severo al final de la temporada cuando hay poca cría. En dicha temporada, una gran cantidad de parásitos compiten por reproducirse en la poca cría que queda. No es raro encontrar varios ácaros madre en una sola celda. Si éste es el caso, la colonia empieza a declinar rápidamente. Al igual que en el caso de los ácaros traqueales, el síntoma más común de una colonia que ha muerto por varroa, es

Figura 122. Las varroas se monitorean con un papel pegajoso puesto debajo de una malla cribada del número 8. Este ensamble se pone en el piso de la colmena. La malla se retira después de 1-3 días y luego se calcula el número de ácaros caídos en 24 horas.

simplemente una caja vacía. La principal diferencia, es que la colonia que muere por varroa se observa al final de la temporada en vez de al principio de ésta.

En los Estados Unidos hay dos umbrales de tratamiento, uno para el Sur y otro para el Norte del país, los cuales se establecieron con base a resultados de estudios de investigación. Cada uno se basa en la técnica de muestreo de la charola enmallada con "papel pegajoso," que se vende en establecimientos de implementos apícolas. El papel pegajoso se pone por debajo de una malla metálica de 8 mm y la charola se desliza sobre el piso de la colmena (Fig. 122). Los ácaros que caen de las abejas pasan por la malla y quedan atrapados en el pegamento. La malla protege a las abejas de pegostearse. La hoja se retira después de 1-3 días y los ácaros se cuentan y su número se promedia a 24 horas.

Umbrales de tratamiento para los ácaros varroa en el Sur y Norte de los EU. Las cifras se refieren al número de ácaros caídos durante 24 horas en hojas pegajosas. Escoja el valor mas cercano a su clima y área geográfica. Infestaciones por debajo de éstas cifras no requieren tratamiento con un plaguicida altamente tóxico.

	Principio de temporada	Final de temporada
Sur de los EU	1-12 (Febrero)	60-190 (Agosto)
Norte de los EU	12 (Abril)	23 (Agosto)

Armados con un umbral confiable, el objetivo es mantener a los ácaros por debajo de niveles dañinos. Lo anterior puede lograrse con varias prácticas de MIP que si se aplican simultáneamente dan mejores resultados. Como mencioné en el **Capítulo 3**, las charolas enmalladas de piso reducen los niveles de infestación del ácaro y también aumentan la producción de cría (Fig. 19). Existen varias formas de resistencia genética en las abejas – comportamiento higiénico, auto-acicalamiento o alo-acicalamiento, menor tiempo de desarrollo y probablemente otras características fisiológicas o del comportamiento aún desconocidas. Las líneas higiénicas y las rusas han mostrado resultados promisorios en cuanto a su resistencia a varroa. El uso y destrucción de cría de zángano puede eliminar una fracción importante de la población de ácaros, dado que con dicha técnica se aprovecha el hecho de que los ácaros prefieren parasitar la cría de zángano. Existen hojas de cera con el estampado de celdas de zángano. Hay que meter un panal con celdas de zángano al nido de cría y una vez que las celdas hayan sido operculadas, hay que sacarlo y congelarlo para matar a los ácaros (e inevitablemente a la cría). La cría se les regresa a las abejas para que se la coman y así recuperen parte de los nutrientes que invirtieron en producirla. Éste método es útil siempre y cuando se emplee en la época de producción de zánganos. Otro método probado de MIP es espolvorear azúcar pulverizada en la colmena. Dicho método es laborioso pero efectivo. Hay que esparcir azúcar sobre las abejas en ambos lados de cada panal. Así se provoca que las abejas se acicalen frenéticamente, lo cual hace que muchos ácaros sean desprendidos de sus cuerpos. Se cree que ésta práctica es más efectiva si se hace sobre charolas enmalladas para que los ácaros pasen por la malla y no puedan regresar a las abejas.

Conviene monitorear a las colonias con papeles pegajosos cada cuatro semanas durante la temporada de actividad, particularmente al final del verano y principio del otoño. Lo ideal sería que las medidas de MIP antes descritas mantengan los niveles de infestación de los ácaros por debajo de los umbrales de tratamiento de manera indefinida. Pero si los ácaros alcanzan umbrales de tratamiento, entonces hay que usar un plaguicida altamente tóxico siguiendo las instrucciones del fabricante. Han habido muchos cambios de productos registrados para el control de varroa en los últimos años. Éstos productos generalmente se clasifican en tres categorías: venenos sintéticos que atacan el sistema nervioso de la plaga, tales como el Apistan® (fluvalinato) y el Check-Mite® (coumafós), aceites botánicos concentrados, tales como el Api-Life VAR® y el Apiguard®, u otros ingredientes orgánicos activos, tales como el Sucrocide® (ésteres de octanato de sacarosa) y el ácido fórmico. En general, a diferencia de los productos sintéticos, los compuestos naturales tienen una muy baja probabilidad de causar el desarrollo de resistencia de los ácaros.

Después de aplicar un acaricida permitido hay que regresar a las prácticas de MIP otra vez. Es de esperarse que si se emplean medidas de MIP en combinación con abejas genéticamente resistentes, el uso de productos altamente tóxicos disminuirá gradualmente en los años por venir.

Carroñeros del nido
Polillas de la cera

La polilla mayor de la cera, *Galleria mellonella*, es un antiguo socio de la abeja melífera que viajó junto con ésta desde el Viejo Mundo a Norteamérica. En la naturaleza, *Galleria mellonella* es un miembro benéfico de la comunidad de la abeja melífera. Es un carroñero del nido, un consumidor de panales viejos y de detritos orgánicos. Limpia las cavidades de nidos abandonados, incluyendo esporas de microorganismos causantes de enfermedades, dejándolas listas para los siguientes ocupantes. El problema es cuando la polilla expande sus actividades a las colmenas de los apicultores. Si la polilla de la cera no es detectada a tiempo, puede llegar a destruir los panales de alzas enteras, transformándolos en una masa de redes y excrementos de polilla (Fig. 123).

El ciclo de vida de las polillas de la cera empieza cuando las hembras fecundas logran entrar al nido de las abejas, lo cual ocurre usualmente en

Figura 123. Panales dañados por la polilla de la cera y capullos de polilla en los bastidores.

la noche. Si el nido está ocupado, las polillas pueden ser o no enfrentadas por las abejas. Una vez adentro de la colmena, la polilla pone sus huevos en una rajadura o hendidura para evitar la inspección de las abejas. La pequeña larva emerge y empieza de inmediato a buscar desechos de proteína en el nido de cría, pasando por varios estadios hasta alcanzar el tamaño de una larva madura de aproximadamente una pulgada de largo (Fig. 124). La larva busca un lugar protegido y si es necesario perfora una cavidad en la madera con sus mandíbulas; luego teje un duro capullo para pasar su periodo de pupa. Una colonia de abejas bien poblada no permite más allá de un número moderado de larvas de polilla las cuales suelen esconderse en la periferia del nido. Las larvas de polilla solo se multiplican y se alimentan a placer en el nido de cría cuando la colonia está muy débil y moribunda.

Hay dos cosas que deben preocuparnos respecto a las polillas: su actividad en colonias vivas y su actividad en equipo almacenado. La actividad de las polillas en colonias vivas se resuelve rápidamente. En pocas palabras – la polilla es un problema secundario y no primario. Cuando el apicultor encuentra una colonia llena de polillas, lo primero que tiene que preguntarse es ¿Porqué la colonia está tan débil? Frecuentemente se debe a una infestación de varroa o a un caso de orfandad. Si es así, no

Figura 124. Larva de polilla madura.

hay mucho que hacer, excepto sacudir las abejas que quedan en otras colonias y tratar de salvar el equipo.

Los panales almacenados corren el riesgo de ser destruidos por la polilla porque no hay abejas que los cuiden. El control de la polilla es diferente en panales para cámara y en panales para miel. Los panales usados para producir cría están en mayor riesgo de ser destruidos por la polilla cuando se almacenan. Los panales para miel pueden protegerse satisfactoriamente sin productos químicos exponiéndolos parcialmente al aire y a la luz del día (Fig. 125). En una ocasión visité el apiario de la Universidad Agrícola de Varsovia en Polonia. Los encargados tienen un cobertizo para el almacenaje de panales. El cobertizo tiene un buen techo y sus paredes están cubiertas con malla para permitir el paso del aire y de la luz. En el interior hay

Figura 125. Cobertizo abierto con alzas almacenadas en forma cruzada para permitir la entrada de aire y luz a los panales.

estantes para colocar los panales – sin cubos de colmena – por lo que éstos están expuestos a los elementos climáticos. No se presentan daños por polilla, sobre todo en panales usados para almacenar miel. Dependiendo de que tanto se expongan al aire y a la luz del día, aún los panales de cría pueden almacenarse de esta manera.

Los apicultores también utilizan fumigantes químicos para matar a las polillas en las alzas. El producto más usado es el paradiclorobenzeno, un compuesto aromático semejante a – pero no es lo mismo que – las tradicionales bolas de cristal para las polillas. Las alzas deben apilarse y cubrirse. Los cristales del fumigante se colocan en la parte superior de cada pila de alzas de acuerdo a las recomendaciones del fabricante. Una fumigación es suficiente para proteger a los panales del daño de la polilla durante el periodo de almacenaje, siempre y cuando las alzas estén bien tapadas para impedir que entren otras polillas. Hay que ventilar las alzas antes de volver a usarlas en colmenas con abejas.

El pequeño escarabajo de la colmena

El pequeño escarabajo de la colmena (PEC), *Aethina tumida*, es uno de los problemas más recientes que se agregaron a la lista de plagas de las abejas en Norteamérica. El escarabajo es un carroñero al igual que la polilla de la cera y como ocurre con ésta, el mejor control es mantener colonias fuertes. El escarabajo se diferencia de la polilla en cuanto a que es capaz de terminar con colonias cuya población es de mediana a débil, pero no moribunda. En otras palabras, la colonia menos poblada en un apiario está en riesgo de ser atacada por el PEC, aún si está sana, siempre y cuando el resto de las colonias del apiario estén mucho más pobladas. En el sureste de los Estados Unidos, los PEC se han convertido en una plaga de consecuencias severas para colonias que se manejan con pocas abejas, por ejemplo, colmenas de observación o núcleos de fecundación para la producción de abejas reinas (Fig. 126).

El ciclo de vida de los escarabajos comienza cuando los adultos (que son magníficos voladores) entran a una colonia. Los escarabajos miden alrededor de una pulgada de largo, son de color café oscuro, ovalados, duros (Fig.127) y resisten con facilidad los ataques de las abejas. Al principio los escarabajos se limitan a moverse por la periferia del nido de cría. Las hembras ponen sus huevos en hendiduras para protegerlos de las abejas; las larvas de los escarabajos emergen y se alimentan de miel, cría y deshechos proteicos que les ayudan a crecer, pasando por varios estadios. Las larvas deben salir de la colmena para pupar en la tierra y completar así su ciclo de vida. Las larvas del escarabajo se parecen superficialmente a las de la polilla, pero son más pequeñas y duras que éstas, no tejen redes de seda y se desplazan abiertamente a plena luz del día (Fig. 128).

Mientras la colonia de abejas permanezca bien poblada, no permitirá

Figura 126. Los escarabajos pequeños de la colmena se vuelven un problema particularmente para colonias pequeñas como los núcleos de fecundación de reinas.

Figura 127. Pequeño escarabajo de la colmena adulto (foto: J.D. Ellis)

Figura 128. La luz del día no repele a las larvas del pequeño escarabajo de la colmena. Contrario a esto, las larvas de la polilla de la cera (ver Fig. 124), se esconden rápidamente si se les expone a la luz.

que los escarabajos invadan el nido o crezcan en población. El umbral de tratamiento es de aproximadamente 300 escarabajos adultos por colonia; mas allá de estos niveles la población y el pecoreo de las abejas de la colonia empiezan a disminuir. El problema se vuelve terminal si la salud de la colonia se ve comprometida por otras causas. Entonces, los escarabajos empiezan a expandir sus actividades al centro del nido de cría. Las hembras depositan sus huevos directamente en el interior de celdas que contienen cría y sus larvas se alimentan de ella, por lo que crecen rápidamente gracias a ésta dieta rica en proteína. Las larvas se desplazan libremente sobre los panales y debido a que se alimentan de la miel, forman una capa de baba sobre los panales, por lo que la miel no es apta ni para el consumo humano ni para el de las abejas (Fig. 129).

Un plan de MIP contra el PEC se fundamenta en mantener colonias fuertes, en usar abejas genéticamente resistentes y en atrapar larvas y adultos de los escarabajos. Se sabe que las colonias cuyas reinas ponen cría salteada

Figura 129. Miel cubierta de baba como resultado de la actividad del PEC

están en mayor riesgo de ser atacadas por el PEC (Fig. 65). Si se toma en cuenta que las hembras de los PEC depositan sus huevos en las paredes de las celdas de cría, así como abajo de los opérculos, un patrón salteado de cría ofrece más sitios para la postura de los escarabajos que un patrón sólido. Además, una reina que pone salteado nunca producirá la suficiente cantidad de abejas para controlar a los escarabajos. Finalmente, se sabe que las abejas higiénicas detectan y remueven cría infestada con huevos del PEC.

Existen en el mercado al menos dos trampas para atrapar PEC. La trampa "Hood" (Fig. 130) está diseñada para atrapar escarabajos adultos y posee un recipiente que se sujeta a la tira inferior de un bastidor de cámara de cría. Dicho recipiente se llena de vinagre y aceite vegetal; el vinagre sirve como atrayente de escarabajos y el aceite les impide escapar del recipiente una vez que entran a el. La entrada de la trampa Hood impide a los escarabajos salir, especialmente si se embarran de aceite. La trampa "West" (Fig. 131) está diseñada para interceptar a las larvas de los escarabajos cuando se desplazan por el piso de la colmena intentando salir de ésta para pupar en el suelo. La trampa se ajusta a las dimensiones del piso de la colmena y posee un recipiente que se llena de aceite vegetal. Una malla de plástico impide a

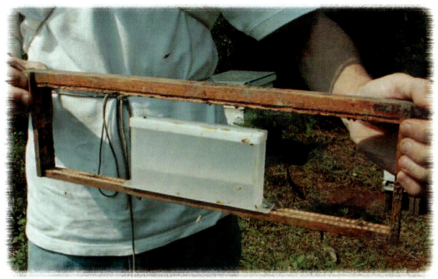

Figura 130. Trampa Hood para atrapar adultos del PEC. Se fija en el listón inferior de un bastidor.

Figura 131. Trampa West para eliminar larvas del PEC.

las abejas caer y ahogarse en el aceite del recipiente.

Una forma novedosa de MIP usada para controlar al PEC es el uso de "organismos benéficos." Esta alternativa implica el uso de organismos que se introducen deliberadamente para que parasiten o se alimenten de la plaga que se quiere controlar. En el caso del PEC, hay investigación que señala que se pueden usar nemátodos carnívoros que se alimentan de las larvas del PEC cuando tratan de salir de la colmena para pupar en la tierra. Los nemátodos pueden adquirirse en compañías de jardinería que los venden para el control de plagas de insectos excavadores del suelo.

Figura 132. Tira de Check-Mite® (coumafós) usada para el control del PEC

El control químico del PEC no es igual en todos los estados. En algunos estados el producto registrado para el control del PEC es el mismo Check-Mite® (coumafós) que se utiliza para el control de varroa. Una tira del producto se corta por la mitad y se engrapa a una pieza de cartón o plástico corrugado (Fig. 132). Ésta pieza se introduce a la colmena deslizándola por el piso; los escarabajos son atraídos y penetran al interior de los canales del material corrugado donde reciben una dosis letal del producto químico. Un tratamiento químico complementario es el uso de Gard Star® (permetrina al 40%) aplicado en el suelo, al frente de las colmenas, para matar las larvas del PEC. En mi opinión, La eficacia de estos tratamientos es incierta y creo que un apicultor puede tener tanto o mejor control con métodos de MIP.

Males no infecciosos
Orfandad
Después de haber escrito más páginas sobre enfermedades y parásitos que sobre ninguna otra cosa, puede sorprender que ahora diga que todas las enfermedades y parásitos son poca cosa comparados con la productividad que se pierde debido a la orfandad de las colonias. Digo lo anterior, porque

la orfandad es muy común – la detectará cada año – y su impacto es tan dañino o más que otros males.

Además, es un problema que va en aumento. Anteriormente ya mencioné que los remedios químicos pueden ser también dañinos para las abejas a quienes se supone deben proteger. El daño más evidente de productos químicos como el fluvalinato y el coumafós es sobre la longevidad y desempeño de las reinas. Apicultores con muchos años de experiencia han notado que el mayor uso de productos químicos ha traído como consecuencia una baja en el desempeño de las reinas casi de proporciones epidémicas. La vida de las reinas frecuentemente se reduce a no más de seis meses, mientras que la literatura menciona que debe ser de dos años. Cuando las reinas fallan, las colonias responden construyendo celdas reales de reemplazo, pero dado que el proceso desde huevo hasta reina fecunda es complicado y riesgoso, muchas veces no se logra y las colonias terminan quedando huérfanas. Al apicultor le corresponde detectar reinas defectuosas, obreras ponedoras (Fig. 4b), cría salteada (Fig. 65), exceso de celdas de zángano (Fig. 8), áreas pequeñas de cría, o la ausencia total de cría. Mientras haya suficientes abejas obreras hay que cambiar a la reina de la colonia como se describe en el **Capítulo 5, Cambio de reina**. Si la población de obreras es poca, conviene quitar la colmena como se describe en el **Capítulo 7, Configuración óptima de la colonia**.

Pillaje

El depredador más eficiente de una colonia de abejas es otra colonia de abejas. Cada vez que una colonia débil se encuentra a corta distancia de una fuerte, existe el riesgo de que las pecoreadoras de la colonia fuerte avasallen a las defensoras de la colonia débil y la vacíen de sus reservas de miel. Ésta es una razón muy importante para mantener todas las colonias de un apiario con fortalezas similares, lo que requiere de la homogeneización de colonias, de resolver problemas y de todos los manejos importantes que se discutieron en los capítulos anteriores.

Cuando una colonia comienza a ser pillada, las pecoreadoras de la colonia fuerte son atraídas por el olor de la miel de la colonia débil e intentan entrar a la colmena; si tienen éxito, llenan sus estómagos con miel y regresan a su colmena con el botín hurtado. Las pilladoras pueden distinguirse por su nervioso patrón de vuelo en zig-zag, por no traer cargas de polen y por tratar de entrar a la colmena de la colonia débil por cualquier

Figura 133. Colonia siendo pillada. Note como las abejas buscan entrar a la colmena por cualquier apertura por donde salga el aroma de la miel, no necesariamente por la piquera. Las pilladoras exhiben un nervioso patrón de vuelo en zig-zag.

apertura, por pequeña que ésta sea – no necesariamente por la piquera (Fig. 133). Éste es un síntoma que indica al apicultor que debe tomar medidas de inmediato – cerrando con cinta las aberturas o rajaduras de la colmena pillada, llevándola a otro sitio y resolviendo los problemas que ocasionaron que la colonia estuviera débil en primer lugar.

Existen otras medidas de sentido común que ayudan a disminuir el pillaje. Lo más importante es tener cuidado de no derramar jarabe, de no exponer miel, o de no abrir colonias innecesariamente durante las épocas del año cuando el néctar escasea. El olor de los panales expuestos es un estímulo muy potente que incita a las abejas al pillaje en épocas de escasez. En segundo lugar, el pillaje es más grave en apiarios con una alta densidad de colmenas. Es difícil determinar cual es la densidad óptima de colmenas en cada apiario porque eso depende de la riqueza floral de cada lugar. Pero cuando las colonias compiten por recursos florales limitados, el riesgo de pillaje aumenta. En el sureste del país generalmente ningún apiario tiene más de 25 colonias.

Mutaciones visibles

En una ocasión siendo yo un muchacho, me sorprendí al ver zánganos *con ojos verdes* (Fig. 134) en uno de mis apiarios. Fue hasta unos años después cuando aprendí que la mutación visible *chartreuse* es solo una de las muchas mutaciones visibles de las abejas melíferas, entre las que se incluyen los ojos marfil, los tostados, los rojos y el color de cuerpo cordobés. Las mutaciones ocasionadas por genes recesivos se manifiestan en los zánganos debido a que éstos solo tienen un juego de cromosomas y por ello no poseen formas de genes dominantes que las oculten. Consecuentemente, las mutaciones recesivas visibles se observan primero en los zánganos. Éste tipo de mutaciones no están asociadas a características de importancia económica. Son útiles para los científicos, quienes las usan en muchos experimentos; para el apicultor solo son divertidas e interesantes.

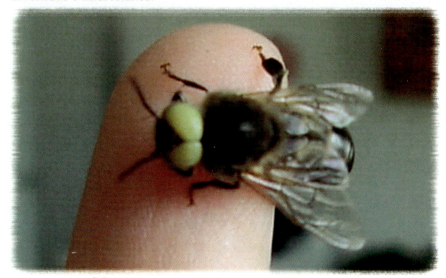

Figura 134. Zángano que expresa la mutación chartreuse

Depredadores, vertebrados y otros

Existe un lista no muy grande de depredadores de las abejas y cada uno tiende a ser específico de su localidad. Los osos son los depredadores más importantes. En ciertas partes del país los apicultores deben tomar algunas medidas para evitar la actividad destructiva de éstos grandes mamíferos. Los osos visitan los apiarios durante la noche, a veces durante varias noches seguidas, tirando y despedazando las colmenas para comerse la cría y la miel. El escenario de un apiario atacado por un oso es caótico – pedazos de partes de colmenas tirados por todos lados. La mejor defensa contra el ataque de un oso es una cerca eléctrica (Fig. 135) alimentada con una batería de automóvil de 12 voltios o bien con baterías solares. Las cercas también resultan adecuadas para apiarios establecidos en pastizales donde hay ganado vacuno.

En la mayor parte del país los apicultores tienen algunos problemas con depredadores vertebrados de menor tamaño que los osos, sobre todo con zorrillos. Los zorrillos son visitantes nocturnos que rascan con sus uñas la piquera de las colmenas para alertar a las abejas (Fig. 136). Cuando las abejas defensoras salen a investigar cual es el problema, los zorrillos se las

Figura 135. Cerca eléctrica de batería solar contra osos al norte de Georgia.

Figura 136. Las marcas de uñas en el suelo frente a la piquera son signos de las visitas nocturnas de un zorrillo.

comen, sin que aparentemente sufran un daño causado por los numerosos piquetes que reciben en la boca y la garganta. Algunos apicultores repelen con éxito los ataques de zorrillos, mediante la colocación de bases de madera con clavos salidos al frente de las piqueras de las colmenas, pero ésta medida también representa un peligro para el apicultor. Yo he usado con éxito cercas individuales para cada colmena, hechas con malla de gallinero y sostenidas con estacas de madera.

El principal insecto depredador de abejas es el avispón o "lobo de las abejas" como lo llaman en Europa (Fig. 137). Los avispones son depredadores habilidosos que vuelan al ras de la piquera de una colmena, atrapan una pecoreadora en vuelo y se la llevan para alimentar a su cría. Aunque su comportamiento puede ser notorio en el apiario, es poco probable que causen una gran pérdida poblacional de las colonias de abejas.

El último de los depredadores de abejas que mencionaré son las

Figura 137. Los avispones depredadores son un serio problema para este apicultor en Albania.

Figura 138. Esta base de colmena hecha de concreto en Belice está diseñada para capturar el agua de lluvia por lo que sirve como foso contra las hormigas.

hormigas. Afortunadamente para los apicultores de Norteamérica, las hormigas entran en la categoría de molestia, más que en la de plaga. Existe una buena cantidad de especies de hormigas que anidan en las partes periféricas de las colmenas, tales como el espacio entre las tapas interna y externa. Aún cuando se les puede ver, raramente se alimentan de abejas o de su cría. Si se le presenta un problema de hormigas, puede instalar sus colmenas sobre bases cuyas patas descansen en un recipiente que contenga agua o aceite, para así crear un barrera que las hormigas no puedan pasar (Fig. 138).

Plaguicidas

Ya abordé con anterioridad el tema del uso intencional de plaguicidas en la apicultura. Dichos compuestos se emplean contra plagas de las abejas que también son artrópodos – primos cercanos de los insectos como las abejas. Por eso no es difícil entender que el uso de plaguicidas en las colmenas es riesgoso para las abejas a las que supuestamente deben proteger. En ésta sección solo me concentraré en la exposición accidental a plaguicidas. Cuando las abejas pecorean ampliamente en una variedad de plantas, es común que entren en contacto con insecticidas y otros productos tóxicos en los cultivos agrícolas, jardines, o plantas ornamentales. Las abejas son susceptibles a la mayoría de los insecticidas. Lo bueno es que los envenenamientos de abejas causados por insecticidas han ido disminuyendo gracias al mayor uso de medidas de MIP en la agricultura, al uso de nuevos productos químicos que son "más suaves" y que tienen un bajo impacto en los organismos para los que no están diseñados y a la creciente concienciación del público sobre el valor de las abejas y otros agentes polinizadores. Lo malo es que la muerte de abejas por plaguicidas todavía sigue ocurriendo y el apicultor debe estar preparado para saber que hacer ante éste problema.

Desde la perspectiva de un apicultor existen dos tipos de envenenamiento por plaguicidas: los agudos y los crónicos. Los agudos son mas dramáticos y catastróficos, pero son más fáciles de diagnosticar. No dejan lugar a dudas sobre lo ocurrido: el apicultor visita un apiario y encuentra montones de abejas muertas entre los panales, en el piso de las colmenas y en el suelo frente a las piqueras de las cajas (Fig. 139). Éste tipo de muertes ocurren debido a la aplicación de una fuerte toxina sobre las colmenas, casi siempre de manera indirecta y no de manera intencional, aunque desgraciadamente algunas veces sí es intencional y con el ánimo de causar daño.

Figura 139. Los signos de una intoxicación aguda de abejas son cantidades masivas de cadáveres de abejas en el piso de las colmenas, entre los panales y frente a las colmenas.

Los envenenamientos crónicos son más difíciles de diagnosticar. En algunos casos el veneno actúa de manera inmediata sobre las abejas pecoreadoras en el campo; el insecto muere y simplemente nunca regresa a su nido. En otros casos, el veneno causa una desorientación en las pecoreadoras, lo que les impide encontrar el camino de regreso a su colmena. La pecoreadora a veces sobrevive lo suficiente como para regresar a la colmena y el polen o néctar contaminado que transporta es almacenado en ésta; aún a niveles bajos, el veneno sigue la ruta del alimento en la colmena y causa daños a la cría y abejas adultas durante varias semanas. La consecuencia de éstos casos de envenenamiento crónico es una disminución inexplicable de la población de abejas de las colonias afectadas.

La solución para evitar la muerte de abejas por plaguicidas es instalar los apiarios fuera de áreas de alto riesgo. No es aconsejable poner un apiario junto a un cultivo o huerta donde se usen plaguicidas constantemente – por ejemplo, algodón, nuez, o maíz dulce. De la misma manera, no es bueno poner colmenas a los lados de calles o caminos urbanos que sean frecuentemente asperjados para controlar mosquitos.

En algunos casos es posible rehabilitar colonias que han sufrido envenenamiento por plaguicidas. La medida más importante es reubicar el apiario lejos de la fuente del veneno. Lo siguiente es evaluar si la reina está poniendo normalmente y reemplazarla si es necesario. También es aconsejable eliminar panales viejos que pudieran contener alimentos contaminados y alimentar a las colonias con jarabe de agua y azúcar y sustituto de polen para estimular la construcción de panal nuevo y la producción de cría. Agregue panales con cría por emerger de otras colonias para acelerar la repoblación de las colonias.

La buena relación con los vecinos es otra medida clave para prevenir intoxicaciones de abejas con insecticidas. La mayoría de las personas entienden el valor que las abejas tienen y no desean afectar a los apicultores vecinos. Un agricultor pudiera aplicar insecticidas a sus cultivos sin tomar en cuenta a los apicultores cercanos, simplemente porque nunca ha tenido la costumbre de pensar en las abejas. Regalar un frasco de miel con una sonrisa una vez al año, es una buena acción para pedir ser notificado con anticipación al día en que se apliquen plaguicidas. Los apiarios pueden cambiarse de lugar temporalmente para evitar una asperjada de plaguicidas programada – o bien, se puede restringir el vuelo de las abejas durante un día, cubriendo cada colmena bajo una malla y resguardándola bajo la sombra. Pero éstas medidas son engorrosas y al final de cuentas es mejor poner los apiarios en zonas sin riesgo de plaguicidas.

Hay situaciones en las que es imposible evitar el riesgo de contacto con plaguicidas. En éstos casos es bueno saber que no todos los plaguicidas son igual de tóxicos para las abejas. Las agencias de extensionismo estatal o provincial publican listas de plaguicidas y los clasifican de acuerdo a su toxicidad aguda para las abejas. De ser posible, hay que escoger un plaguicida de bajo riesgo para las abejas. En segundo lugar, es útil saber que el tipo de formulación de un plaguicida puede influir mucho en la toxicidad del ingrediente activo. Una formulación granular de un ingrediente activo es casi siempre más segura para las abejas que el mismo producto en polvo o en líquido. Por último, la hora de aplicación también es importante. Actualmente la mayoría de los ingredientes activos se degradan más rápidamente que los productos químicos de hace algunas décadas. Esto significa que un plaguicida aplicado en la noche puede controlar las plagas, pero puede degradarse a niveles no dañinos por la mañana, cuando las abejas vuelven a pecorear. En términos generales, la aplicación de plaguicidas durante el día en cultivos que se encuentran en floración resulta desastroso para las abejas y otros agentes polinizadores, así como para otros organismos para los que el plaguicida no está dirigido; por eso es ambientalmente irresponsable aplicarlos de ésta manera. El conocimiento de toxicología básica cubierto en ésta sección junto con las buenas relaciones con los vecinos, lo ayudarán a evitar una gran cantidad de muertes de abejas por plaguicidas.

EPÍLOGO

La desesperación era palpable en su tono de voz a través del teléfono. "Hormigas," dijo ella, "están por toda la tapa interna, un nido completo de ellas. Con todo y huevos. ¿Que puedo hacer?" Dudé un poco, sabiendo que mi respuesta la dejaría escéptica y que mi reputación quedaría afectada. "Bueno, sabrá usted," le dije, "Las hormigas no causan mucho daño. Lo único que tratan de hacer es mantenerse calientes y esa entretapa es cómoda y cálida." Ahora le tocó a ella tomarse una pausa. "¿De verdad?" preguntó ella. Lo contrastante de la evidencia percibida con sus propios ojos en comparación con la de mi valoración del caso, le resultó difícil de conciliar.

Afortunadamente, para el caso de ésta apicultora la respuesta a su última pregunta realmente era si, porque las hormigas no son un problema en Georgia. En momentos como éste, me viene a la memoria la idea de que una gran parte del proceso de aprendizaje en la apicultura – y sobre cualquier otra cosa para el caso – es aprender a distinguir lo que es importante de lo que no lo es. En éstas últimas páginas quiero escoger y presentar lo que considero son cosas importantes. Recuerde éstos principios y aplíquelos y nunca se equivocará.

El objetivo principal de una colonia de abejas es reproducirse y sobrevivir el invierno que sigue. La colonia logra su objetivo si enjambra al principio de la temporada, proceso que produce dos colonias que quedan en peligro – Un enjambre débil y un nido materno severamente diezmado de abejas. Ambas deben pecorear eficientemente en el tiempo remanente de floración para almacenar una reserva alimenticia que les permita sobrevivir el invierno.

El objetivo principal de un productor de miel es hacer que las colonias lleguen a su máximo de población al principio de los principales flujos de néctar. Esto necesariamente confronta los intereses del apicultor con los de la colonia. El manejo de inicio de temporada consiste esencialmente en estimular a la colonia para que crezca, pero suprimiendo la enjambrazón al mismo tiempo.

Las buenas reinas son cruciales para tener éxito. Las reinas deben ser reemplazadas al primer síntoma de que fallan en la postura o cuando se pierden. Los apicultores deberían utilizar estirpes de reinas de desempeño probado y con resistencia a plagas y enfermedades.

Muchas plagas, depredadores y parásitos viven a expensas de la salud de una colonia. Es tarea del apicultor monitorear las plagas e intervenir con medidas correctivas para mantenerlas a niveles no dañinos. La mayoría de los males de las abejas pueden ser eficazmente controlados sin usar antibióticos o plaguicidas altamente tóxicos.

Las acciones de buena vecindad pagan dividendos. Mantenga a las abejas lejos del tránsito animal o humano y manéjelas de tal forma que se minimicen las actividades que pudieran alarmar a sus vecinos que no son apicultores.

La reputación de la miel de ser un alimento completo y de calidad es un componente de mercadeo frágil y valioso. Los apicultores deberían hacer todo lo posible para proteger esta buena imagen, tanto en la percepción del público, como en la realidad.

Finalmente, la teoría y práctica de la apicultura son dinámicas, no estáticas. Nuestro conocimiento sobre el manejo y biología de las abejas crece exponencialmente con el paso de los años. Lea, asista a congresos apícolas, comparta su conocimiento y procure ser un buen ciudadano en la fraternidad de los apicultores.

Epílogo

Aleteando regresan las abejas al hogar al final de la tarde;
Feliz es su volar y más feliz su
canto.
Conforme se acerca la noche y la luz se hace más
tenue,
Aún en la mayor oscuridad las líneas de sus vuelos cruzan
los cielos
que pintan.
Todo en ellas es paz; una calmante y revitalizante
paz.
La cual llena el corazón y llena la mente y trae
libertad al alma.
Nada puede ser problema ahora, nada puede ser
alarmante,
Aquí, donde las abejas zumban canciones de
felicidad.

Josephine Morse

GLOSARIO

Abdomen — El segmento más grande y posterior del cuerpo de un insecto que aloja órganos, principalmente los de la reproducción y los de la digestión

Abeja africanizada — Raza de abeja africana importada al nuevo mundo en los años 50s, muy conocida por su exagerado comportamiento defensivo

Abeja carniola — Raza de abeja del Este de Europa central, ampliamente usada en América del Norte

Abeja caucásica — Raza de abeja de la región de las montañas caucásicas, conocida por su docilidad

Abeja italiana — La abeja mas común en Norte América.

Abeja negra alemana — Primer raza de abeja melífera introducida a América del Norte

Abeja rusa — Abeja de miel importada por el Departamento de Agricultura de los EU por su presunta resistencia al ácaro varroa; probablemente es una variante biológica de la abeja carniola

Abejas nodrizas — Una categoría de obreras de edad específica especializada en la excreción de alimento larvario y en el cuidado de la cría chica

Acaricida — Plaguicida diseñado para matar ácaros parasitarios, en las abejas melíferas, ácaros traqueales y varroa

Acarapis woodi — Ver *ácaro traqueal*

Acaro traqueal — *Acarapis woodi*, ácaro parasitario microscópico que vive en los tubos respiratorios de las abejas adultas

Acaro varroa — *Varroa destructor*, ácaro parasitario que se alimenta de la sangre de abejas melíferas inmaduras y adultas

Ácido fórmico — Plaguicida que se utiliza para controlar ácaros varroa y traqueales

Adulto — Estadio final de desarrollo de la metamorfosis de un insecto; se caracteriza por tener alas completas y por la capacidad de poder reproducirse

Aethina tumida — Ver *pequeño escarabajo de la colmena*

Aguijón — Estructura morfológica de las abejas y otros Himenopteros que pican, sirve para liberar veneno de defensa

Glosario

Ahumador — Instrumento utilizado para proyectar humo hacia las abejas para calmarlas cuando se les maneja, consiste de un tanque de calor y de fuelles

Alambres horizontales — Alambres fuertemente estirados en un bastidor y/o incrustados por el fabricante en hojas de cera de abejas

Alambres verticales — Alambres de apoyo incrustados por el fabricante en hojas de cera de abejas

Alimentador Boardman — Alimentador que consiste de un frasco para un litro de jarabe, se coloca invertido sobre una base en la piquera de la colmena

Alimentador tipo bastidor — Alimentador de jarabe en forma de bastidor, hecho de plástico o madera, que almacena tres litros de jarabe, puede colocarse en cualquier parte en el interior de una cámara de cría

Alimento larvario — Exudados producidos por abejas nodrizas para alimentar cría; incluye la jalea de obrera y la real

Alza — Cubos (9-1/2-, 6-5/8- o 5-3/8-pulgadas de altura) que componen una colmena; el término se utiliza más para referirse a los cubos destinados a almacenar miel que se ponen sobre la cámara de cría, ver *Alza profunda*, *Alza de miel*

Alza corta — Uno de tres cubos de medidas estándar de una colmena de abejas, de 5-3/8 pulgadas de alto que se usa para producir miel

Alza de alimento — Se refiere a una o más alzas de miel o jarabe, medianas o cortas que se ponen sobre la cámara de cría para proveer reservas alimenticias a la colonia

Alza de miel — Cubo que puede ser de dos tamaños, 5-3/8- o 6-5/8-pulgadas de alto, reservado para el almacenamiento de miel, ver *Alza mediana* o *Alza corta*

Alza mediana, *sin.* **alza Illinois** — Uno de tres cubos de medidas estándar de una colmena, 6-5/8-pulgadas de alto, se usa en el *Nido de cría* o para producir miel

Alza profunda — Uno de tres tamaños de cubos de una colmena, de 9 pulgadas de alto y usado comúnmente como cámara de cría y para alojar a la reina, ver *Cámara de cría* y *Cuerpo de colmena*

Alzas abajo — La adición de nuevas alzas debajo de las existentes, pero encima de la cámara de cría, ver *Alzas arriba*

Alzas arriba — Se refiere a la colocación de nuevas alzas directamente sobre las anteriores, ver *Alzas abajo*

Antena — Órgano receptivo de la cabeza de un insecto que le permite detectar olores y otros estímulos químicos

Apiario — Un lugar con una o más colmenas que se encuentran bajo manejo

Apiguard — Acaricida para el control de ácaros varroa

Api-Life VAR — Acaricida para el control de ácaros varroa

Apis cerana — Nombre en latín de una especie de abeja melífera oriental

Apis mellifera — Nombre en latín de la abeja melífera occidental

Apistan — Acaricida para el control de ácaros varroa

Área de congregación de zánganos — Área consistentemente localizada en la misma ubicación en la que los zánganos se juntan para esperar la llegada de las reinas que realizan vuelos nupciales

Ascosphaera apis — Agente causal de la cría de cal

Baile de las abejas — Lenguaje simbólico por medio de danzas que realizan las abejas, compartiendo muestras de alimento y haciendo vibrar el panal, para comunicar a sus compañeras la ubicación de nuevos recursos para la colonia

Barrera de miel — Banda de miel que las abejas crean arriba de las celdas que contienen cría y sobre la cual las reinas no pasan para poner huevos en áreas por encima de ella

Bastidor — Estructura de madera de la colmena, que delimita y contiene un panal de cera y que se cuelga suspendido dentro de una alza

Cabezal — Tira horizontal superior de un bastidor

Cámara de cría — Parte de la colmena donde se aloja la reina y la cría, el corazón de la colonia, normalmente consiste de uno o dos *cubos* de 9-1/2-pulgadas de profundidad, pero a veces tres o más *alzas medianas* de 6-5/8-de pulgada

Cambio de reina — Proceso por medio del cual una reina que falla es cambiada por una reina nueva ya sea por las mismas abejas o por el apicultor

Candy para reina — Dulce hecho de pasta de azúcar que se usa en las jaulas de reinas para retrasar su liberación

Casta — Se refiere a dos formas de individuos del mismo sexo que difieren morfológica o reproductivamente en colonias de insectos sociales

Celda — Unidad individual hexagonal de un panal; puede contener una larva, miel, o polen

Celda real — Celda de cría que contiene una reina inmadura, es alargada y en forma de maní

Celdas de enjambrazón — Celdas reales construidas bajo el impulso reproductivo de una colonia

Cepillo de abejas — Cepillo suave para barrer a las abejas de una superficie

Cera de abejas — Excreción glandular natural de las abejas melíferas, una verdadera cera, maleable y usada por las abejas para construir celdas y panales

Cestilla del polen — Nombre coloquial de *corbícula*, el aparto en la pata trasera de una abeja que está adaptado para transportar las cargas de polen de una pecoreadora

Chartreuse — Una de varias mutaciones visibles de las abejas, específicamente, ojos color verde claro

Check-Mite — Plaguicida usado para controlar ácaros varroa y al pequeño escarabajo de la colmena

Colmena — Estructura fabricada para albergar una colonia de abejas

Colmena Langstroth — Colmena de bastidores movibles, que incorpora el concepto del espacio de las abejas alrededor de todas sus partes internas y que consiste de bastidores reforzados que delimitan, soportan y permiten colgar panales en las alzas

Colonia — Grupo de individuos relacionados de una especie social que habita el mismo nido

Colonias anuales — Colonias de insectos sociales en las que las hembras invernan y comienzan por si solas nuevas colonias cada primavera (ver *colonias perennes*)

Colonias núcleo, *sin.* **Núcleos** — 1. Colonias pequeñas para almacenar reinas adicionales, 2. Colonias pequeñas para alojar reinas en su periodo de apareamiento, 3. Una forma de empezar la apicultura, en la que 2-5 panales de abejas y cría son comprados e instalados en cubos de colmena; usados de igual manera para crecer en número de colmenas

Colonias perennes — Colonias de insectos sociales en las que la colonia persiste como unidad social durante todo el año (ver *colonias anuales*)

Cordobés — Una de varias mutaciones visibles de las abejas, específicamente, cuerpo y pelo ligeramente rojizo

Costra Restos secos de una cría enferma dentro de una celda, casi siempre se refiere a la loque americana, pero también a la europea

Cría — Todas las fases inmaduras de la abeja: huevo, larva, prepupa, o pupa

Cría de cal — Enfermedad de la cría de las abejas causada por un hongo

Cría ensacada — Enfermedad viral de las prepupas

Cuchillo desoperculador — Herramienta que se usa para quitar los opérculos de cera que sellan los panales de miel antes de su extracción

Cuerpo de colmena — Ver *Alza profunda*

Cuerpos esporulantes — Estructuras de hongos sobre la superficie del cuerpo de abejas inmaduras infectadas con cría de cal, son responsables de la liberación de esporas

Cuidado cooperativo de la cría — Se presenta cuando hembras del mismo nido cuidan la cría de otra hembra

Cuña — Herramienta diseñada para separar las partes de una colmena sin dañarla

Dickinson — Poeta estadounidense del siglo 19, autor de *El Pedigrí de la miel*

División del trabajo reproductivo — Sucede cuando algunos individuos de una colonia de insectos abandonan la auto-reproducción para ayudar a sus hermanas a reproducirse

Divisiones — Ver *Colonias núcleo* 3

Duragilt — Nombre comercial de una hoja estampada de plástico cubierta con una capa de cera de abejas

Enfermedad de la isla de Wight — Nombre de una epizootia de las abejas en Gran Bretaña a principios del siglo 20, se cree fue causada por ácaros traqueales

Enjambre (*n*.), enjambrazón — Reproducción a nivel de colonia en

Glosario

la que una reina nueva es criada y en la que hasta el 60% de las obreras emigran con la reina vieja para fundar una colonia nueva

Escasez — Periodo de escasez de recursos

Espacio de las abejas — Distancia promedio que las abejas mantienen alrededor y entre los panales y superficies del nido; es de alrededor de 3/8 de pulgada

Esperma — Célula germinal reproductiva del macho que posee la mitad del material genético de una especie

Espermateca — Órgano de la reina en el que se almacena el esperma adquirido durante sus vuelos de apareamiento

Espiráculo — Apertura de un tubo traqueal al exterior de la abeja u otro insecto

Espora — Estadio intergeneracional de ciertos microbios patógenos, es mencionada en referencia a la loque americana, cría de cal y nosema

Estómago de la miel — Primera de las tres secciones del estómago de una abeja, modificada para permitir a una pecoreadora transportar y regurgitar líquidos

Eusocial — Se refiere a especies que manifiestan (1) cuidado cooperativo de la cría, (2) especialización reproductiva y (3) generaciones traslapadas

Excluidor de reina — Pieza de metal o plástico que normalmente se pone entre la cámara de cría y las alzas de miel y que está diseñada para evitar el paso de la reina de la cámara de cría a las alzas

Exploradora — Abeja obrera especializada en encontrar nuevos recursos para la colonia – sitios para anidar o fuentes de alimento

Extractor — Aparato para sacar la miel de panales desoperculados con la ayuda de fuerza centrifuga

Extractor radial — Tipo de extractor de miel en el cual los bastidores entran como rayos de una rueda; ambos lados del panal son extraídos al mismo tiempo

Extractor reversible — Tipo de extractor con el que la miel es sacada de un lado de los panales y luego del otro; los bastidores tienen que ser volteados

Exudados — Compuestos liberados por glándulas que actúan dentro o fuera del organismo; ejemplo: feromonas, hormonas, alimento larvario

Farrar, C.L. — Científico que descubrió el principio de que las colonias pobladas son más eficientes en la producción de miel

Feromona — Producto químico de acción aérea o por contacto, excretado por los insectos para regular el comportamiento o la fisiología de otros individuos; puede considerarse como una "hormona externa"

Flujo de miel — Se refiere al periodo estacional y local durante el cual las plantas producen néctar en abundancia

Fumagilina — Antibiótico utilizado para el control de la enfermedad de nosema

Galleria mellonella — Ver *polilla de la cera*

Gard Star — Plaguicida usado para controlar las larvas del pequeño escarabajo de la colmena

Generaciones traslapadas — Se observan en una colonia de insectos sociales cuando la progenie se queda en el nido para ayudar a su madre a producir otros hermanos

Glándula del veneno — Tejido localizado cerca del aguijón de una abeja, especializado en la liberación de feromona de alarma, la cual incita a otras abejas a comportarse defensivamente

Glándulas — Tejidos especializados en la producción de exudados – hormonas, feromonas, o compuestos nutritivos

Glándulas de cera — Tejido localizado en la parte ventral del abdomen de una abeja especializado en la producción de cera

Granulación — Proceso mediante el cual la miel líquida pasa a un estado semisólido formado por cristales grandes de azúcar

Higiénicas — Se refiere a abejas que expresan la característica heredable de detectar y remover cría enferma que se encuentra dentro de las celdas

Hoja de papel pegajoso — Hoja adhesiva que se coloca en el piso de la colmena para capturar ácaros varroa y para monitorear el tamaño de sus poblaciones

Hoja estampada — Hojas de cera o plástico, con celdas hexagonales impresas que se usan para guiar a las abejas a construir panales de tamaño estándar

Homogeneizar — Proceso mediante el cual las poblaciones de abejas y cría de las colonias de un apiario se equilibran

Glosario

Huérfana — Una colonia sin reina

Huevo — Primer estadio de desarrollo de la metamorfosis de un insecto; célula reproductiva de una hembra que posee la mitad del material genético de una especie

Icaro — Personaje de la mitología griega que construyó alas con plumas y cera de abejas

Intercasta — Abeja que posee características tanto de obrera como de reina; producto de la experimentación o de otras condiciones que alteran la dieta y desarrollo de la cría

Inversión de cámaras de cría — Proceso mediante el cual la posición de las cámaras de cría (en un sistema de doble cámara) es intercambiada una o más veces al principio de la primavera para prevenir la enjambrazón

Jalea de obrera — Exudado glandular con el que las abejas alimentan a las larvas hembras para desencadenar la expresión de características de obrera

Jalea real — Exudado glandular con el que las abejas nodrizas alimentan a las larvas hembras, lo cual da lugar a la expresión de caractéres de reina

Jaula Benton — Jaula tradicional de madera con tres compartimentos, usada para enviar reinas por correo

Jaula de reina — Jaula, ya sea de plástico o madera, diseñada para contener a una reina y a las obreras que la atienden mientras es transportada

Langstroth, L.L. — Inventor de una colmena de bastidores movibles, que lleva su nombre y que incorpora el concepto del espacio de las abejas

Larva — Fase inmadura de un insecto dedicado a alimentarse y a crecer con rapidez; en las abejas, es un gusano blanco

Ley de la abeja melífera de 1922 — Ley del congreso de los EUA que cerró la importación legal de abejas al país durante la mayor parte del siglo 20

Límite de miel — Nido de cría en el que la miel almacenada se extiende lo suficiente como para que las abejas no puedan desarrollar cría o entrar a las celdas para formar un racimo de abejas en el invierno

Listón inferior — La tira horizontal inferior de un bastidor de madera

Loque americana — La enfermedad bacteriana más grave de la cría, altamente contagiosa

Loque europea — Enfermedad bacteriana de la cría, no forma esporas y generalmente se considera menos peligrosa que la loque americana

Manejo integrado de plagas — Forma de control de plagas caracterizada por el uso de métodos no químicos para mantener las plagas por debajo de niveles dañinos

Melissococcus pluton — Bacteria causante de la loque europea

Mentol — Extracto botánico cristalino que se usa para el control de ácaros traqueales

metamorfosis — Desarrollo progresivo de los insectos de inmaduros a adultos; en las abejas: huevo, larva, pupa, adulto

metamorfosis completa — Desarrollo progresivo de los insectos, caracterizado por las fases de huevo, larva, pupa y adulto

Metamorfosis incompleta — Desarrollo progresivo de los insectos caracterizado por una serie de estadios de ninfa, cada uno semejante al adulto, pero sucesivamente mas grande que el anterior

Miel — Producto que resulta de la deshidratación y alteración enzimática que las abejas efectúan en el néctar de las plantas; carbohidrato almacenado que resiste la fermentación

Miel cremosa — Miel en la que el proceso de granulación ha sido controlado para producir cristales pequeños y un producto suave y untable

Miel extractada — Miel líquida sacada de los panales por medio de un extractor

Miel en pana — Alimento consistente en un panal de miel completo

Miel en trozo — Trozo de panal dentro de un frasco que es rellenado con miel líquida

Miel fermentada — Miel que generalmente contiene >18.6% de agua, en la que las levaduras han producido alcohol

Néctar — Líquido azucarado secretado por algunas plantas que florean para atraer animales polinizadores; colectado por las abejas como fuente de carbohidratos

Nemátodos — Gusanos excavadores microscópicos que depredan larvas del pequeño escarabajo de la colmena

Nosema — Enfermedad de las abejas adultas, la causan dos especies de protozoario: *Nosema apis* y *N. ceranae*

Obrera — Una de los dos tipos de hembra que existen en una colmena de abejas, con capacidad reproductiva solo en forma intermitente; es responsable de las tareas de mantenimiento del nido

Obrera ponedora — Ocurre cuando en una colonia huérfana, algunas de las obreras desarrollan sus ovarios y ponen huevos de machos

Opérculos — Tapas de celdas hechas de cera; pueden tapar cría o miel

Ovario — Órgano femenino que produce huevos, muy desarrollado en las reinas, rudimentario en las obreras

Paenibacillus larvae larvae — Bacteria que causa la loque americana

Panal — Unidad arquitectónica fundamental de un nido de abejas, consiste de una base hecha de celdas hexagonales de cera, una detrás de la otra

Paquetes de abejas — Paquetes de 2-3 libras de abejas con una reina, comúnmente usados para empezar nuevas colonias

Paradiclorobenzeno — Plaguicida usado para proteger equipo almacenado contra la polilla de la cera

Pasta extendida — Pasta de azúcar y aceite vegetal, que se amasa y se usa tal cual para el control de ácaros traqueales, o bien se mezcla con antibióticos para la prevención de las loques

Peloteo — Una respuesta agresiva de algunas obreras hacia una reina, es común cuando se cambian las reinas

Pillaje — Pecoreo depredatorio de una colonia fuerte sobre las reservas de miel de una débil

Piso de colmena — La pieza inferior de una colmena

Pinzetas de apoyo — Sustituto de alambres horizontales fácil de instalar en un bastidor

Plaguicida — Sustancia usada para controlar plagas, incluye a los acaricidas, insecticidas, herbicidas y fungicidas

Polen — 1. Cuerpos granulares producidos por plantas que florean y que contienen células germinales masculinas para la reproducción de la planta; es colectado por las abejas como fuente de proteínas, 2. Producto alimenticio en forma de comprimido hecho de polen colectado por las abejas

Polilla de la cera — *Galleria mellonella*, especie de polilla que come panales abandonados y su contenido

Polinización — El paso del polen de las partes masculinas de una flor a las femeninas de la misma flor o de una flor diferente

Poste lateral — Una de las dos piezas verticales de un bastidor

Prepupa — Estadio intermedio de desarrollo entre larva y pupa

Propóleo — "Pegamento de la abeja" colectado de las resinas de las plantas y usado para sellar grietas y disuadir a invasores

Prueba del palillo — Prueba de campo usada para confirmar la presencia de la enfermedad de la loque americana

Pupa — Fase inmadura de un insecto en la que sus tejidos larvarios y su forma, pasan a ser los de un adulto

Quinby, Moses — Inventor del ahumador para echar humo a las abejas y calmarlas

Racimo (*n*.), arracimarse — Comportamiento de invierno en el que las abejas se compactan densamente al centro del nido para generar y conservar calor

Raspador de opérculos — Herramienta utilizada en el procesado de la miel para quitar opérculos de zonas hundidas del panal que no se pueden alcanzar con un cuchillo desoperculador

Raza, *sin*. subespecie — Población particular de una especie que se reproduce en una región

Reemplazo — Proceso mediante el cual una reina que falla es cambiada por sus obreras

Refractómetro — Instrumento que se usa para medir el porcentaje de agua que contiene la miel

Reina — Una de dos castas femeninas en la colonia de abejas, con función altamente reproductiva

Reina funcional — Colonia con una reina funcionando normalmente

Resistencia genética — Se refiere a características heredables de las abejas que les confieren resistencia contra plagas y que responden a la selección artificial

Sansón — Personaje bíblico conocido por hacer adivinanzas de la miel en panal en la carcasa de un león

Sustituto de polen — Dieta proteica comercialmente formulada, se mezcla con miel o con reservas de polen natural

Sucrocida — Acaricida usado para el control del parásito varroa

Tapa de fumigación — Tapa temporal de una colmena que se utiliza en combinación con un repelente químico para sacar a las abejas de las alzas durante la cosecha

Tapa externa — Uno de dos componentes (ver *tapa interna*) para proteger del clima a una colmena; la tapa externa es resistente y se telescopea parcialmente sobre la alza superior

Tapa interna — Uno de dos componentes (ver *tapa externa*) para proteger del clima a una colmena; esta tapa mantiene el espacio de las abejas y evita la propolización de la tapa externa

Terramicina — Antibiótico utilizado para la prevención de enfermedades bacterianas de la cría

Tilosina — Antibiótico utilizado para la prevención de enfermedades bacterianas de las abejas

Tórax — Segmento intermedio del cuerpo de los insectos, contiene músculos y apéndices especializados en la locomoción

Trampa de polen — Equipo que se coloca en la piquera de la colmena para colectar polen traído por las abejas

Trampa Hood — Trampa que se coloca en el interior de una colmena para capturar adultos del pequeño escarabajo de la colmena

Trampa West — Trampa que se coloca en el interior de una colmena para capturar larvas del pequeño escarabajo de la colmena

Tráquea — Tubos respiratorios de las abejas y otros insectos

Umbral económico, *sin.* **Umbral de acción, umbral de tratamiento** — Tamaño de la población de una plaga que se sabe causa un daño económico a menos que el productor intervenga con una medida de control

Válvula de miel, *sin.* **llave de miel** — Válvula en la base de tanques de almacenamiento por la que la miel sale para ser envasada

Vuelo de apareamiento — Una reina joven realiza uno o más vuelos para aparearse con hasta 20 zánganos

Vuelo de limpieza — Vuelos de las abejas durante días cálidos del invierno con el propósito de defecar después de un largo periodo de confinamiento

Yeats — Poeta irlandés, n. 1865, autor de La Isla del Lago de Inisfree

Zángano — Abeja macho

Índice

abdomen, 13
abejas africanizadas
  captura de enjambres, 62
  comportamiento de defensa, 6
  historia de su dispersión, 6
  lugares para apiarios, 77
  manejo, 77
abejas carniolas, 4, 5
abejas caucásicas, 4
abejas italianas, 3, 4
abejas negras alemanas, 2, 3
abejas rusas, 5
Acarapis woodi, 125
acaricidas, 165
ácaros traqueales
  acaricidas, 165
  controles de manejo, 128
  historia, 125
  historia de vida, 125, 126
  síntomas, 126
  umbral de tratamiento, 126
ácaros varroa
  acaricidas, 165
  historia, 125
  historia de vida, 129, 130
  MIP, 131, 132, 133
  pisos enmallados, 131, 132
  resistencia genética en abejas, 132
  umbral de tratamiento, 131, 132
aceites botánicos, 133
ácido fórmico, 127, 133
adulto, 13, 15
ahumador
  definición, 46
  encendido, 50, 51
  invención, 32
  uso, 51
álamo, 83
Alejandro el grande, 6
alimentación artificial
  alimentadores, 43, 44, 45
  a principios de temporada, 56, 57
  en invierno, 104, 105
alimentadores
  Boardman, 43
  bolsas plásticas, 44
  cubetas, 45
  tipo bastidor, 44
alza profunda, 34
alzas de miel, 36
antibióticos, 112, 118
Apiguard, 133
Api-Life VAR, 133
Apis cerana, 2, 124
Apis mellifera
  biología de los individuos, 12, 13, 14, 15, 16, 17, 18, 19, 20
  biología de la colonia, 21, 22, 23, 24, 25, 26, 27, 28, 29
  distribución actual, 7
  distribución natural, 2
  etimología, 1
  manejo, 6
Apis mellifera carnica, 4, 5
Apis mellifera caucasica, 4

Apis mellifera ligustica, 3, 4
Apis mellifera mellifera, 2, 3
Apis mellifera scutellata, 5, 6
Apistan, 133
Ascosphaera apis, 119
avispones, 147
barrera de miel, 36
bastidores, 37, 38, 39, 40
biología de la colonia
    ciclo reproductivo, 23, 24, 25
    estrategia para sobrevivir, 21
    hibernación, 22, 23
    población de la colonia, 26
    regulación del pecoreo, 28, 29
    requerimientos alimenticios, 29
    taza de mortalidad natural, 67
cabeza, 13
cámara de cría
    definición, 34
    uso de 1 o 2, 34, 35, 73
casta, 12, 13
celdas de enjambrazón, 24, 30
cera
    cosecha, 100
    limpieza, 100
    usos, 8, 100
Check-Mite, 133, 142
Clase Insecta, 13
colmena
    definición, 31
    espacio de la abeja, 32
    Langstroth, 31, 32
    recomendaciones de construcción, 32
compra de colonias establecidas, 65

coumafos, 133, 142
cría de cal, 119, 120, 121, 122
cuña, 46
Dickinson, 7
diente de león, 81
enjambrazón
    ciclo natural, 24, 25, 26
    congestión de la colmena, 72, 73
    prevención, 34, 71, 72, 73, 74, 75
enjambre
    definición, 24
    instalación, 60, 61, 62, 63
espermateca, 19
esteres de octanato sacarosa, 133
excluidor de reina
    definición, 35
    uso con 1 o 2 cámaras de cría, 36
extractor de miel, 32, 93, 94
flor del fuego, 84
fluvalinato, 133
frijol soya, 81, 83
fumagilina, 124
gallberry, 81, 82
Gard Star, 142
girasol, 86
guantes, 48
hibernación
    alimentación, 45
    ciclo natural, 22, 23
    configuración de colonia, 105, 106
    protección climática, 106, 107
    vuelos de invierno, 107, 108
hierba de fuego, 83, 84

Índice

historia de la apicultura, 6, 7
hoja estampada
   definición, 36
   instalado en bastidores, 37
   invención, 32
   zángano, 132
homogeneización de colonias, 73
hormigas, 149
huevo, 13
Ícaro, 6
insectos sociales
   definición, 12
   especies anuales vs. perennes, 27
intercastas, 19
isla de Wight, 125
jalea real, 8, 19
jaula de reina, 53, 54, 55
lenguaje de las danzas, 29
Lineo, 1
loque americana
   antibióticos, 112, 116
   ciclo de la enfermedad, 113, 114
   comparada con LE, 118, 119
   definición, 113
   reinas higiénicas, 117
   síntomas, 114
loque europea, 117, 118, 119
lugares para apiarios, 49, 50
madera amarga, 83
manejo integrado de plagas
   definición, 112
   justificación, 112
   umbral de tratamiento, 113
maple rojo, 81

Melissococcus pluton, 117
mentol, 126, 127
miel
   cristalización, 81, 95, 96
   cosecha, 90
   deshidratación poscosecha, 91
   envases, 94, 95
   extracción, 92, 93, 94
   historia, 6, 7
   miel cremosa, 96
   mono- vs. multi floral, 84, 85, 86
   niveles de humedad, 89, 90
   plantas melíferas, 81
miel en panal, 96, 97
mirto, 86
Mite-Away II, 127
movilización de abejas, 66
mutaciones, 145
naranja, 81
nido de cría, 34
nosema, 123, 124
Nosema apis, 123
Nosema ceranae, 124
núcleos
   definición, 62
   para prevenir la enjambrazón, 72
   para reponer pérdidas de invierno, 106
obrera
   aguijón, 18
   celdas, 15
   desarrollo de los ovarios, 18
   glándulas, 18
   lenguaje de las danzas, 29

morfología, 18
tiempo de desarrollo, 15
postura, 18, 71
regulación del pecoreo, 28
tareas, 18
obreras ponedoras, 18, 71
orfandad, 105, 142, 143
osos, 146
paquete de abejas
   definición, 52
   instalación, 52, 53, 54, 55, 56, 57
   seguimiento, 58
paradiclorobenzeno, 137
parálisis crónica de las abejas, 124
pasta extendida, 127
Paenibacillus larvae larvae, 113
pequeño escarabajo, 137, 138, 139, 140
permetrina, 142
pillaje, 44, 143, 144
pinzetas de apoyo, 39
piso
   común, 33
   enmallado, 33
plaguicidas, 149, 150, 151, 152
plantas melíferas, 81, 82, 83, 84
polen
   en la polinización, 8, 9
   trampeo de polen, 101
polilla de la cera, 133, 134, 135, 136
polinización
   carencia de polinizadores, 9
   contratos, 88

definición, 8
densidad de abejas, 87
estándar de fortaleza de colonias, 87
valor, 9
postura de alzas
   arriba- versus abajo, 76
   definición, 76
propoleo, 8, 32
racimo, 22
referencias literarias de abejas, 6, 7
reina
   cambio de reina, 68, 69, 70, 143
   celdas, 17, 19, 27, 74
   desarrollo de huevo de obrera, 19
   feromonas, 20
   instalación, 55, 56, 57, 69, 70
   reemplazo en enjambrazón, 26
   signos de buena postura, 59, 69
   signos de falla, 19, 59
   tasa de postura, 19
   tiempo de desarrollo, 15
   vuelos nupciales, 19
reinas higiénicas
   ácaros varroa, 129
   cría de cal, 119
   loque americana, 113
   loque europea, 117
   pequeño escarabajo, 137
salvia, 86
Sansón, 7
sitios para nidos, 23
sucrocida, 133

Índice

techo externo, 42
techo interno, 42
Terramicina, 116
tilosina, 116
tórax, 13
traje apícola, 48
trébol, 81
vara de oro, 84
velo, 47
virus, 124
virus de Kashmir, 124
virus de las alas deformadas, 124
Yeats, 7
zángano
   áreas de congregación, 21
   celdas, 15
   tiempo de desarrollo, 15
zarzamora, 83
zorrillos, 146, 147